Metodologia do trabalho de campo em geografia

EDITORA intersaberes

DIALÓGICA

O selo DIALÓGICA da Editora InterSaberes faz referência às publicações que privilegiam uma linguagem na qual o autor dialoga com o leitor por meio de recursos textuais e visuais, o que torna o conteúdo muito mais dinâmico. São livros que criam um ambiente de interação com o leitor – seu universo cultural, social e de elaboração de conhecimentos –, possibilitando um real processo de interlocução para que a comunicação se efetive.

Metodologia do trabalho de campo em geografia

Ana Paula Marés Mikosik

EDITORA intersaberes

Rua Clara Vendramin, 58 . Mossunguê . CEP 81200-170 . Curitiba . PR . Brasil
Fone: (41) 2106-4170 . www.intersaberes.com . editora@editoraintersaberes.com.br

Conselho editorial
Dr. Ivo José Both (presidente)
Drª Elena Godoy
Dr. Neri dos Santos
Dr. Ulf Gregor Baranow

Editora-chefe
Lindsay Azambuja

Gerente editorial
Ariadne Nunes Wenger

Analista editorial
Ariel Martins

Preparação de originais
Maria Elenice Costa Dantas

Edição de texto
Floresval Nunes Moreira Junior
Viviane Fernanda Voltolini

Capa
Débora Gipiela (*design*)
Theus/Shutterstock (imagem)

Projeto gráfico
Mayra Yoshizawa

Diagramação
Muse design

Equipe de *design*
Débora Gipiela
Mayra Yoshizawa

Iconografia
Sandra Lopis da Silveira
Regina Claudia Cruz Prestes

Dados Internacionais de Catalogação na Publicação (CIP)
(Câmara Brasileira do Livro, SP, Brasil)

1ª edição, 2020.
Foi feito o depósito legal.
Informamos que é de inteira responsabilidade da autora a emissão de conceitos.

Nenhuma parte desta publicação poderá ser reproduzida por qualquer meio ou forma sem a prévia autorização da Editora InterSaberes.

A violação dos direitos autorais é crime estabelecido na Lei n. 9.610/1998 e punido pelo art. 184 do Código Penal.

Mikosik, Ana Paula Marés
  Metodologia do trabalho de campo em geografia/Ana Paula Marés Mikosik. Curitiba: InterSaberes, 2020.
  Bibliografia.
  ISBN 978-85-227-0250-3

  1. Geografia - Metodologia 2. Geografia - Trabalho científico de campo I. Título.

19-31504   CDD-910.723

Índices para catálogo sistemático:
1. Trabalho de campo: Geografia   910.723

Cibele Maria Dias - Bibliotecária - CRB-8/9427

Sumário

Apresentação | 13
Como aproveitar ao máximo este livro | 15

1. Pesquisa científica | 21
    1.1 Pesquisa e construção do conhecimento | 23
    1.2 Metodologia e método | 27
    1.3 O papel da técnica na geografia | 36
    1.4 Etapas do projeto de pesquisa científica | 39

2. Trabalho de campo e técnicas de campo e laboratório | 55
    2.1 Trabalhos de campo | 57
    2.2 Técnica | 64
    2.3 Observação em campo | 71
    2.4 Técnicas de campo e de laboratório (gabinete) | 81

3. Pesquisas quantitativas e qualitativas na geografia | 131
    3.1 Abordagens quantitativa e qualitativa | 133
    3.2 Dados quantitativos | 136
    3.3 Dados qualitativos | 145

4. Integração e análise dos dados | 155
    4.1 Sistema de Informação Geográfica (SIG) | 157
    4.2 Banco de dados | 161
    4.3 Banco de dados e representações gráficas | 168
    4.4 Construção de mapas em ambiente SIG | 175

5. A construção de relatórios na geografia | 193
    5.1 Natureza dos relatórios | 195
    5.2 Estrutura, formatação e conteúdos dos relatórios | 198
    5.3 Estrutura dos relatórios | 205
    5.4 Figuras e tabelas nos relatórios | 211

Considerações finais | *225*
Referências | *227*
Bibliografia comentada | *239*
Respostas | *241*
Sobre a autora | *249*

Ao meu marido, Marcos Boscheco Lissa, por

seu companheirismo e amor.

Agradeço à minha família – em especial à minha mãe, Mara Marés Neumann, e a Heliane de Lima, pelo incentivo e pela ajuda em todos os sentidos.

Também a Larissa Warnavin, pelos conselhos, mas, acima de tudo, pela confiança.

A Renata Adriana Garbossa, Deisily de Quadros, Veridiane Agatti, Josemar Pereira da Silva, Eduardo Vedor de Paula, Elaine de Cássia de Lima Frick, Tony Vinicius Moreira Sampaio, Luiz Carlos Zem, Luís Lopes Diniz Filho, Leonardo José Cordeiro Santos e Maristela Moresco Mezzomo por terem me auxiliado, de alguma forma, na realização deste livro.

*Há uma outra coisa que uma educação
acadêmica poderá proporcionar a você.
Se você prosseguir nela por um tempo razoável,
ela acabará lhe dando uma ideia
das dimensões da sua mente.*

J. D. Salinger

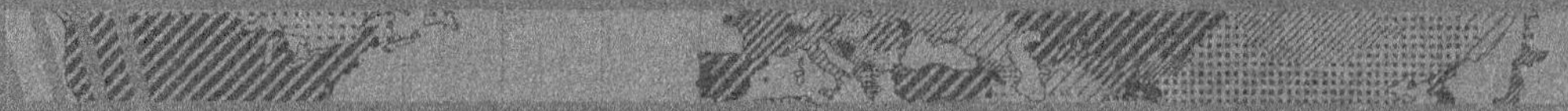

Apresentação

Este livro tem o objetivo de apresentar reflexões sobre a metodologia do trabalho de campo em geografia, com base na relação entre teoria e prática. Essa relação forma um elo, pois, para aplicar a prática, especialmente em uma pesquisa científica, exige-se fundamentação teórica. Dessa forma, a metodologia demonstra como se produz conhecimento científico.

A pesquisa científica é desenvolvida para produzir novos conhecimentos ou encontrar respostas para um problema. Com a intenção de alcançar esses objetivos, o pesquisador precisa ser conduzido, em seu raciocínio e operacionalização, na investigação científica. Esse procedimento formal, que mostra o caminho a ser percorrido pelo pesquisador, chama-se *método*. Assim, o método organiza o pensamento do pesquisador com relação às etapas e processos a serem cumpridos na pesquisa científica para alcançar o conhecimento.

O fazer geografia comumente pressupõe o uso de técnicas na obtenção de dados e informações por meio de instrumentos e procedimentos na investigação científica. Por essa perspectiva, o trabalho de campo é considerado técnica, e não método.

Na geografia, o trabalho de campo é realizado *in situ* (no local), onde o pesquisador tem o contato direto com a realidade e pode observar e interpretar os fenômenos e processos espontaneamente, tal como ocorrem. Essa característica torna o trabalho de campo uma técnica insubstituível para integrar teoria e prática.

Nesse contexto, esta obra apresenta, de forma simples mas ao mesmo tempo científica, as reflexões acerca do conhecimento científico e do fazer geografia. Para isso, utilizamos referências de pesquisadores consagrados nas áreas de geografia e filosofia, bem como em ciências correlatas. O diálogo entre as áreas de conhecimento tem como objetivo apresentar a você diferentes visões sobre a temática abordada.

Além disso, os capítulos foram preparados para que a leitura seja esclarecedora e útil. Desse modo, eles apresentam uma breve introdução sobre os objetivos e conteúdos, assim como uma síntese para retomar os principais conceitos trabalhados. Com a finalidade de que o estudo não se encerre na leitura do capítulo, há indicações de *sites*, livros e vídeos para que você relacione os conteúdos aprendidos com outras formas de representação da realidade. Por fim, os capítulos apresentam exercícios para que você pense a respeito do que foi exposto, reflita sobre as temáticas abordadas e as coloque em prática.

No Capítulo 1, abordamos a pesquisa científica como um procedimento reflexivo e sistemático destinado à produção do conhecimento; no Capítulo 2, demonstramos a importância da organização e da execução do trabalho de campo; no Capítulo 3, apresentamos as abordagens qualitativas e quantitativas nas pesquisas científicas na geografia; no Capítulo 4, discutimos o papel do SIG (Sistema de Informação Geográfica) e as possibilidades de integração e manipulação de dados e/ou informações geoespaciais; no Capítulo 5, tratamos da elaboração de relatórios tanto para as pesquisas científicas quanto para os trabalhos de campo.

Diante do exposto, ressaltamos que a produção geográfica contribui para o desenvolvimento do caráter científico da geografia ao desenvolver o conhecimento e as técnicas de análise que aperfeiçoam a compreensão dos fenômenos e dos processos nas paisagens e nos espaços geográficos. Sendo assim, esperamos que a leitura desta obra amplie seu olhar como geógrafo e enriqueça sua formação acadêmica e profissional.

Como aproveitar ao máximo este livro

Empregamos nesta obra recursos que visam enriquecer seu aprendizado, facilitar a compreensão dos conteúdos e tornar a leitura mais dinâmica. Conheça a seguir cada uma dessas ferramentas e saiba como elas estão distribuídas no decorrer deste livro para bem aproveitá-las.

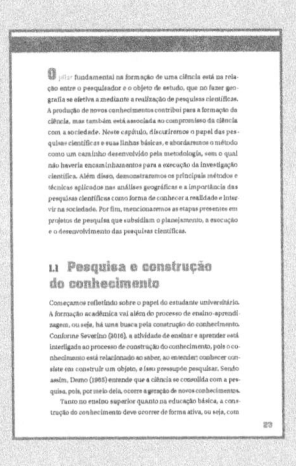

Introdução do capítulo
Logo na abertura do capítulo, informamos os temas de estudo e os objetivos de aprendizagem que serão nele abrangidos, fazendo considerações preliminares sobre as temáticas em foco.

Preste atenção!
Apresentamos informações complementares a respeito do assunto que está sendo tratado.

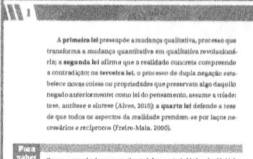

Para saber mais
Sugerimos a leitura de diferentes conteúdos digitais e impressos para que você aprofunde sua aprendizagem e siga buscando conhecimento.

Importante!
Algumas das informações centrais para a compreensão da obra aparecem nesta seção. Aproveite para refletir sobre os conteúdos apresentados.

Para refletir
Aqui propomos reflexões dirigidas com base na leitura de excertos de obras dos principais autores comentados neste livro.

Indicações culturais

Para ampliar seu repertório, indicamos conteúdos de diferentes naturezas que ensejam a reflexão sobre os assuntos estudados e contribuem para seu processo de aprendizagem.

Síntese

Ao final de cada capítulo, relacionamos as principais informações nele abordadas a fim de que você avalie as conclusões a que chegou, confirmando-as ou redefinindo-as.

Atividades de autoavaliação

Apresentamos estas questões objetivas para que você verifique o grau de assimilação dos conceitos examinados, motivando-se a progredir em seus estudos.

Atividades de aprendizagem

Aqui apresentamos questões que aproximam conhecimentos teóricos e práticos a fim de que você analise criticamente determinado assunto.

Bibliografia comentada

Nesta seção, comentamos algumas obras de referência para o estudo dos temas examinados ao longo do livro.

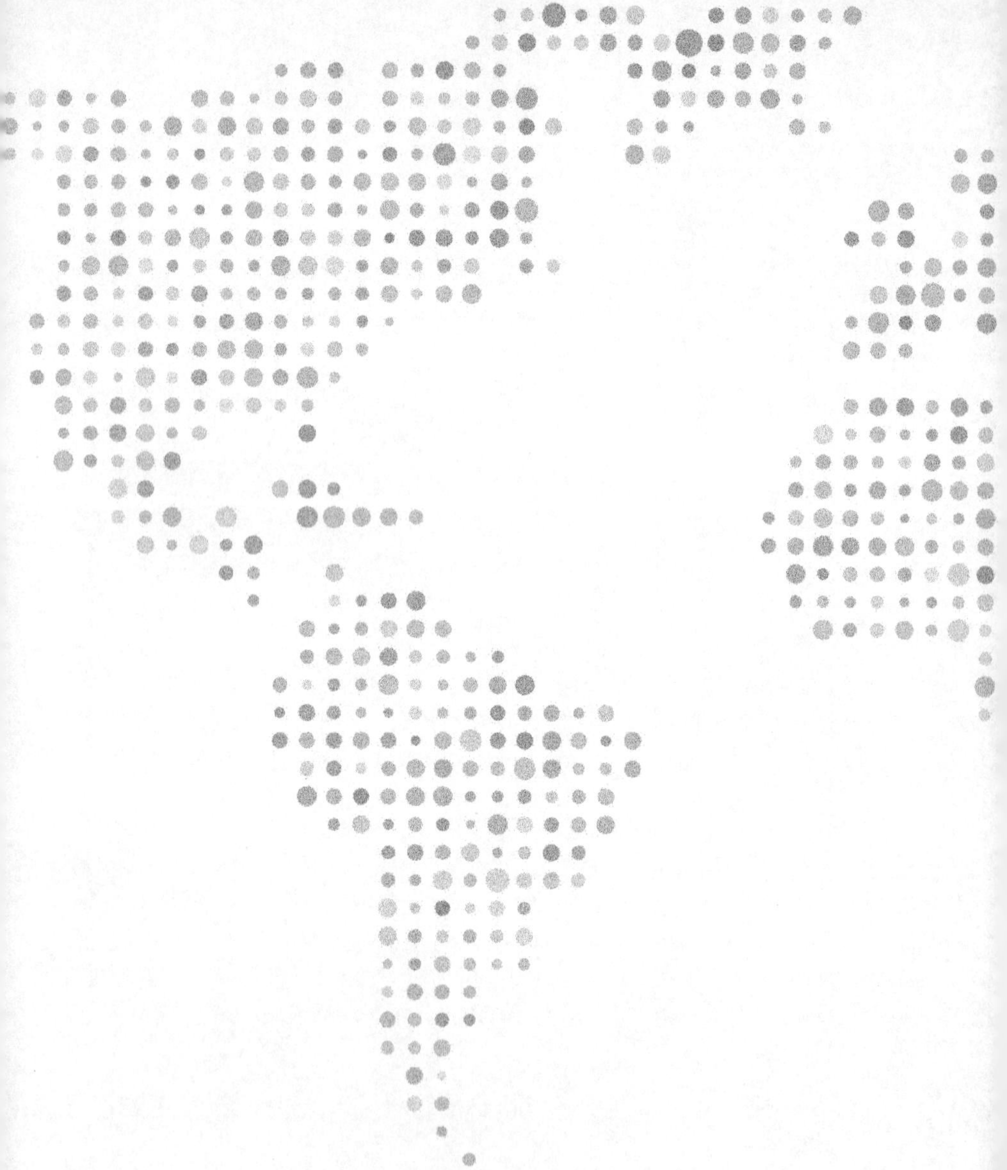

I
Pesquisa científica

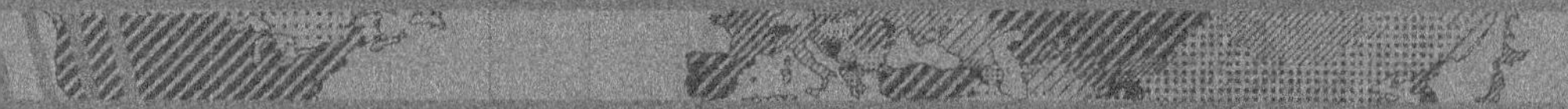

O pilar fundamental na formação de uma ciência está na relação entre o pesquisador e o objeto de estudo, que no fazer geografia se efetiva mediante a realização de pesquisas científicas. A produção de novos conhecimentos contribui para a formação da ciência, mas também está associada ao compromisso da ciência com a sociedade. Neste capítulo, discutiremos o papel das pesquisas científicas e suas linhas básicas, e abordaremos o método como um caminho desenvolvido pela metodologia, sem o qual não haveria encaminhamentos para a execução da investigação científica. Além disso, demonstraremos os principais métodos e técnicas aplicados nas análises geográficas e a importância das pesquisas científicas como forma de conhecer a realidade e intervir na sociedade. Por fim, mencionaremos as etapas presentes em projetos de pesquisa que subsidiam o planejamento, a execução e o desenvolvimento das pesquisas científicas.

1.1 Pesquisa e construção do conhecimento

Começamos refletindo sobre o papel do estudante universitário. A formação acadêmica vai além do processo de ensino-aprendizagem, ou seja, há uma busca pela construção do conhecimento. Conforme Severino (2016), a atividade de ensinar e aprender está interligada ao processo de construção do conhecimento, pois o conhecimento está relacionado ao saber, ao entender; conhecer consiste em construir um objeto, e isso pressupõe pesquisar. Sendo assim, Demo (1985) entende que a ciência se consolida com a pesquisa, pois, por meio dela, ocorre a geração de novos conhecimentos.

Tanto no ensino superior quanto na educação básica, a construção do conhecimento deve ocorrer de forma ativa, ou seja, com a prática da pesquisa; ele não deve ser assimilado de forma passiva. Dessa forma, você deve ter uma postura investigativa para compreender os fenômenos e processos, analisar a confiabilidade dos dados, refletir sobre os resultados disponibilizados nas pesquisas científicas e avaliar criticamente as publicações (livros, artigos, relatórios e afins).

Nisso se enquadra a pesquisa científica, caracterizada como uma atividade motivada pela existência de um problema (insatisfação ou curiosidade a respeito de algo), para o qual se objetiva encontrar uma resposta ou solução. As pesquisas desenvolvidas em determinada ciência não têm a função de fazer desaparecer os problemas, mas de explicá-los (Popper, 1975).

Com isso, os objetivos da pesquisa fundamentam-se em descobrir, isto é, em progredir em relação ao conhecimento já construído, e em desvendar algo sobre a realidade. Em ambos os casos, a pesquisa contribui para a construção e a reconstrução do conhecimento de determinada ciência.

Sem as pesquisas científicas, viveríamos as situações da vida limitando-nos ao senso comum, na circunstância de um mesmo conhecimento (Buzzi, 1986). Desse modo, nossa vida estaria pautada apenas no conhecimento popular, o qual utiliza as experiências sensoriais para explicar os fenômenos, os fatos e os processos, sem se preocupar com a demonstração, a verificação e a crítica. Por isso, Demo (1985) defende que a pesquisa científica consiste em um processo interminável, uma vez que o conhecimento adquirido se refere a uma aproximação sucessiva da realidade, passível de contestação, a qual pode criar um novo conhecimento.

A pesquisa científica se desenvolve por meio de quatro linhas básicas, as quais são, geralmente, utilizadas de forma concomitante, conforme seu processo de construção do conhecimento. Essas linhas são: pesquisa teórica, pesquisa não teórica, pesquisa empírica e pesquisa aplicada.

A **pesquisa teórica** é caracterizada pela construção de considerações gerais com base na fundamentação teórica sobre o tema estudado; a **pesquisa não empírica** baseia-se simplesmente na teoria, sem a necessidade de coleta de dados, contrastando com a **pesquisa empírica,** em que há coleta e análise de dados. Dessa forma, esta última está centrada na observação e na experimentação dos fenômenos e processos estudados a ponto de traduzir os resultados por meio da mensuração.

Como mencionado anteriormente, não existe pesquisa puramente teórica ou puramente empírica. A pesquisa empírica depende da fundamentação teórica ou da estrutura conceitual para nortear os procedimentos que serão desenvolvidos; já a pesquisa não empírica pode contemplar situações reais. As pesquisas empíricas e não empíricas coexistem e se aperfeiçoam na maioria dos projetos de pesquisa.

Por fim, a **pesquisa aplicada** tem como finalidade utilizar o conhecimento teórico existente para aplicá-lo na sociedade, sendo um instrumento de intervenção da realidade.

Sendo assim, a produção do conhecimento deve contribuir para o desenvolvimento econômico, social, ambiental e político da sociedade. Severino (2016) aponta que a pesquisa se legitima, inclusive, com sua chancela ética, quando demonstra compromisso com a sociedade e com os interesses da população como um todo. Por isso, conhecer a realidade por meio da pesquisa científica possibilita a intervenção na sociedade. Esse é um dos motivos para que você, leitor, tenha motivação em pesquisar. Saiba que as pesquisas não estão relacionadas apenas ao meio acadêmico, mas também podem ser destinadas à definição de políticas públicas em planejamento e gestão. Por esse motivo, profissionais de várias áreas de conhecimento podem recorrer a relatórios de pesquisa e artigos científicos com a intenção de analisá-los e avaliá-los.

De acordo com Veal (2011), na leitura de artigos científicos e de relatórios de pesquisa, a análise crítica pressupõe entender por que a pesquisa foi realizada, quem a desenvolveu e quem a pagou. Comumente, as pesquisas desenvolvidas por profissionais do mercado têm como finalidade a solução de problemas reais. Nas universidades, as pesquisas também têm esse objetivo, assim como o de produzir conhecimento. Nesse caso, geralmente os investimentos são públicos, ao passo que nas pesquisas desenvolvidas por profissionais do mercado, os investimentos podem ser públicos e/ou privados.

Atualmente, as fontes de recursos de pesquisa científica não se restringem mais a universidades/faculdades, conselhos públicos de pesquisa e fundações; elas se estendem também a órgãos e departamentos públicos, empresas privadas e organizações sem fins lucrativos (ONGs). Nesse caso, você, futuro profissional, deve ser ético ao defender os resultados e conclusões obtidos na pesquisa, independentemente dos interesses em torno da problemática ou, até mesmo, dos próprios financiadores.

Outrossim, geralmente em pesquisas gerenciadas por empresas privadas e ONGs, as informações são confidenciais, diferentemente daquelas controladas pelo poder público, que disponibiliza as pesquisas, tornando-as uma fonte de dados e resultados para serem utilizados por outros pesquisadores. Certamente essa disponibilidade de dados, atrelada ao respectivo uso, segundo Veal (2011), assegura o pleno desenvolvimento de uma pesquisa:

» **validade**: demonstrando o quanto os dados coletados refletem o processo;
» **confiabilidade**: ressaltando o quanto os resultados da pesquisa seriam os mesmos, se a pesquisa fosse repetida;
» **generalizações**: sendo possível extrapolar os dados em situações semelhantes.

1.2 Metodologia e método

Para fazer ciência, é necessário compreender a diferença conceitual entre metodologia e método; caso contrário, o emprego desses termos pode aparecer de forma equivocada nos trabalhos científicos, refletindo falta de credibilidade. Demo (1985) vai mais além ao garantir que a metodologia é de suma importância para a formação do pesquisador e condição necessária para o seu amadurecimento científico.

O termo *metodologia* é oriundo dos vocábulos gregos *meta* e *odos*, resultando em "caminho para" (Carvalho, J. W. S., 2008). Dessa maneira, a metodologia desenvolve os caminhos para se fazer ciência. Por isso, dedica-se aos aspectos instrumentais da ciência: procedimentos, ferramentas e métodos. De acordo com Demo (1985), a metodologia possibilita uma iniciação aos mecanismos lógicos do saber: racionalidade, objetividade, indução, dedução etc.

Segundo J. W. S. Carvalho (2008), a metodologia tem uma natureza ambígua, caracterizada por uma vertente filosófica e por outra científica. Na filosofia, a metodologia científica dedica-se à análise do conhecimento, da ciência e do método e, por isso, também pode ser denominada *teoria do conhecimento*. Na vertente científica, preocupa-se com questões técnicas de obtenção de dados seguros e confiáveis para a pesquisa científica. É essa vertente que exploraremos com mais profundidade nesta obra.

Dessa forma, a pesquisa científica contribui para a formação da ciência por ser um conjunto de conhecimentos obtidos de forma metódica. Köche (2003, p. 121) afirma que "não pode haver ciência sem pesquisa e não pode haver pesquisa sem ciência". Além disso, ele alerta que a ciência não é um produto puramente técnico, mas um produto do espírito humano. Em sincronia com Köche, Demo (1985, p. 22) defende que:

Como em tudo na vida, a ciência não é ensinada totalmente, porque não é apenas uma técnica. É igualmente arte. E na arte vale a máxima: é preciso aprender a técnica, para ter base, mas não se pode sacrificar a criatividade à técnica; vale precisamente o contrário; o bom artista é aquele que superou os condicionamentos da técnica e voa sozinho. Quem segue excessivamente as técnicas, será por certo medíocre, porquanto onde há demasiada ordem, nada se cria.

A pesquisa científica parte de uma dúvida ou de um problema e, com o uso do método, busca uma resposta. A palavra *método* origina-se do grego, *methodos*, composta de *meta*: "através de, por meio de", e de *hodos*: "via, caminho" (Chaui, 1995). Logo, a palavra *metodologia* deriva de *método*. A finalidade do método é seguir um caminho para que determinado objetivo seja alcançado. Já a metodologia estuda os vários tipos de método. O método científico demonstra o caminho a ser percorrido na investigação dos fatos e na procura da verdade (Ruiz, 1996).

Desse modo, conforme Chaui (1995), quando se utiliza um método, devem ser seguidos normas e procedimentos para se definir ou construir o objeto de estudo e deve-se manter o autocontrole do pensamento durante a investigação para, depois, ocorrer a confirmação ou a falsificação dos resultados. A noção de método científico pressupõe que o pensamento obedeça a princípios internos dos quais dependem o conhecimento da verdade e a exclusão do falso. Dessa forma, o método científico apresenta três finalidades:

1. conduzir à descoberta de uma verdade desconhecida;
2. demonstrar e provar a verdade conhecida;
3. verificar o conhecimento para averiguar a veracidade dele.

Sintetizando, o método científico possibilita alcançar o conhecimento por meio de normas e procedimentos, com base nas três finalidades mencionadas: a condução, a demonstração e a verificação. Essas normas e procedimentos demonstram aos outros pesquisadores como empregar o mesmo método, objetivando obter resultados similares, tanto na reprodução da pesquisa quanto no desenvolvimento de outra investigação.

Köche (1982) ressalta que não existe um método com normas prontas, definitivas, pois a investigação está relacionada às características do problema investigado e da capacidade criativa do investigador. Chaui (1995) defende a existência de um método geral que todo conhecimento deve seguir em busca da condução, da demonstração e da verificação de verdades, bem como a aplicação de outros métodos, conforme a especificidade do objeto estudado.

Todavia, alguns filósofos e cientistas acreditavam que cada campo do conhecimento deveria ter um método próprio, determinado pela natureza do objeto, pela forma como o pesquisador pode aproximar-se do objeto de estudo e pelo conceito de verdade corrente em cada área de conhecimento. Por isso, o método dedutivo foi considerado o método matemático, e o método indutivo foi definido como o método experimental.

No **método dedutivo**, o pensamento parte de enunciados mais gerais, dispostos, ordenadamente, como premissas de um raciocínio, a fim de se chegar a uma conclusão particular ou menos geral, tais como: Toda mulher é mortal (premissa geral); Maria é mulher (premissa do raciocínio); Maria é mortal (conclusão particular).

O **método indutivo** prevê um raciocínio inverso ao método dedutivo. Por isso, parte de dados particulares ou fatos singulares para obter uma verdade geral ou universal, não contida nas partes examinadas. Observe o exemplo: Este pedaço de fio de cobre conduz energia; fio de cobre conduz energia; zinco conduz energia;

ouro conduz energia; cobalto conduz energia; cobre, zinco, ouro e cobalto são metais e conduzem energia.

Em conformidade com Salmon (1973, p. 29), existem características básicas que distinguem argumentos dedutivos de indutivos. Ambos os tipos de argumentos podem assumir formas corretas e incorretas. Observe o exemplo correto apresentado:

a. dedutivo: Todo mamífero tem um coração. Todos os cavalos são mamíferos.
Conclusão: Todos os cavalos têm um coração.
b. indutivo: Todos os cavalos observados tinham um coração.
Conclusão: Todos os cavalos têm um coração.
(Salmon, 1973, p. 29)

Quadro 1.1 – Exemplo de argumentos dedutivos e indutivos

Dedutivos	Indutivos
I. Se todas as premissas são verdadeiras, a conclusão deve ser verdadeira.	I. Se todas as premissas são verdadeiras, a conclusão é provavelmente verdadeira, mas não necessariamente verdadeira.
II. Toda informação ou conteúdo fatual da conclusão já estava, pelo menos implicitamente, nas premissas.	II. A conclusão encerra a informação que não estava, nem implicitamente, nas premissas.

Fonte: Salmon, 1973, p. 30.

A seguir, detalhamos as características desses argumentos.

Segundo a **característica I**, no argumento dedutivo, a única maneira de tornar falsa a conclusão "Todos os cavalos têm um coração" seria admitir que ou nem todos os cavalos são mamíferos ou nem todos os mamíferos têm um coração. Já no argumento indutivo, a premissa pode ser verdadeira, e a conclusão, falsa. Essa premissa tornar-se-ia falsa, caso, no futuro, fosse observado um cavalo sem coração (Salmon, 1973).

Conforme a **característica II**, quando a conclusão do argumento dedutivo assegura que todos os cavalos têm um coração, afirma-se algo que já tinha sido dito nas premissas. O argumento dedutivo correto menciona algo de forma explícita ou reformula a questão que já constava nas premissas. A conclusão deve ser verdadeira, quando as premissas são verdadeiras, porque a conclusão reafirma o que foi dito nas premissas. No argumento indutivo, faz-se referência apenas aos cavalos observados, ao passo que a conclusão se refere também a cavalos que ainda não foram observados. Como a conclusão apresenta algo que não foi mencionado nas premissas, a conclusão pode ser falsa (o conteúdo adicional pode tornar a conclusão falsa), e a premissa, verdadeira (Salmon, 1973).

Dessa forma, o argumento dedutivo tem como finalidade deixar explícito o conteúdo das premissas, ao passo que o argumento indutivo amplia o conhecimento.

Outro método que utiliza a dedução refere-se ao **método hipotético-dedutivo**, proposto por Karl Raimund Popper, em 1975. Nesse método científico, o pesquisador parte de um problema (P_1), em que se formula uma solução provisória (teoria-tentativa – TT), seguida de uma crítica à solução, a fim de eliminar erros (EE). Esse processo se renova ao originar novos problemas (P_2) (Marconi; Lakatos, 2010).

Observe o esquema a seguir, que sintetiza o método científico de Popper (citado por Marconi; Lakatos, 2010, p. 77):

Figura 1.1 – Método científico de Popper

$$P_1 \longrightarrow TT \longrightarrow EE \longrightarrow P_2$$

Nota: P_1 = problema; TT = teoria-tentativa; EE = erros; P_2 = novo problema.

Conforme Popper, o esquema apresentado consiste em uma racionalização, porque se baseia na lei da contradição. De acordo com essa lei, quando as contradições são encontradas, devem ser eliminadas pela crítica. Assim, Popper defende três etapas para o processo investigatório (Gil, 1999; Marconi; Lakatos, 2010):

1. **problema**: origina-se do conhecimento insuficiente e das teorias existentes;
2. **solução proposta**: apresenta uma nova teoria (conjectura ou hipótese) ou propõe a dedução de consequências na forma de proposições passíveis de serem testadas;
3. **teste de falseamento**: tentativas de refutação pela observação e experimentação.

Preste atenção!

Você pode verificar um exemplo de aplicação do método hipotético-dedutivo na geografia no artigo de Diniz (2015), no qual o autor discute, com base nesse método, o papel do Rio Grande do Norte como o maior produtor de sal marinho do Brasil.

DINIZ, M. T. M. Contribuições ao ensino do método hipotético-dedutivo a estudantes de Geografia. **Geografia Ensino & Pesquisa**, v. 19, n. 2, maio/ago. 2015.

A contribuição de Marx à filosofia foi o método materialista dialético. Traço fundamental e essencial da teoria marxista é a natureza construtiva do conhecimento, ou seja, a construção origina-se no pensamento e nas operações, obtidas pela percepção e pela intuição, com o objetivo de formar uma representação. Segundo o próprio Marx, o conhecimento consiste em um processo de progressiva determinação de relações a serem descobertas, apreendidas e representadas. Quando as representações são formadas, estabelecem-se ideias e conceitos, base teórica do conhecimento e da ciência (Prado Junior, 1973).

Conforme Alves (2010), o método materialista dialético baseia-se na dialética epistemológica e ontológica específica (conjunto de leis ou princípios que regem uma parte ou a totalidade da realidade), atrelado a uma dialética relacional condicional (movimento da história). Alguns estudiosos da dialética materialista alertam que não há consenso na quantidade (três ou quatro) e na definição das leis do método. Por isso, serão apresentadas as quatro leis fundamentais, comumente utilizadas na interpretação do método dialético (Prado Junior, 1973; Freire-Maia, 2000):

1. a lei da transição da mudança quantitativa para a qualitativa;
2. a lei da unidade e da luta dos contrários;
3. a lei da negação da negação;
4. a lei da ação recíproca e da conexão universal.

As leis mencionadas foram formuladas com base na interpretação da obra *A dialética da natureza*, de Engels (1977); nela, o autor se baseia na história da natureza e da sociedade humana para analisar as fases do desenvolvimento histórico e do pensamento humano.

A **primeira lei** pressupõe a mudança qualitativa, processo que transforma a mudança quantitativa em qualitativa revolucionária; a **segunda lei** afirma que a realidade concreta compreende a contradição; na **terceira lei**, o processo de dupla negação estabelece novas coisas ou propriedades que preservam algo daquilo negado anteriormente; como lei do pensamento, assume a tríade: tese, antítese e síntese (Alves, 2010); a **quarta lei** defende a tese de que todos os aspectos da realidade prendem-se por laços necessários e recíprocos (Freire-Maia, 2000).

Para saber mais

Como exemplo da perspectiva teórico-metodológica da dialética na geografia, indicamos o artigo "A Geografia e o método", de Diego Salvador (2012). Nesse trabalho, o autor discorre sobre o uso de técnicas qualitativas para proceder à análise da complexidade socioespacial, abordando as desigualdades e contradições do espaço.

SALVADOR, D. S. C. O. A geografia e o método dialético. **Sociedade e Território**, Natal, v. 24, n. 1, p. 97-114, jan./jun. 2012. Disponível em: <https://periodicos.ufrn.br/sociedadeeterritorio/article/view/3466/2779>. Acesso em: 1º out. 2019.

A fenomenologia foi difundida no final do século XX por Husserl (2000). Para ele, tudo que existe é fenômeno passível de ser conhecido, por meio da consciência que dá sentido às coisas, e estas, por sua vez, adquirem sentido. Portanto, de acordo com Suertegaray (2005, p. 29), "tudo é fenômeno enquanto consciência de".

O método fenomenológico tem como finalidade realizar uma descrição rigorosa do mundo vivido pela experiência humana. De acordo com Holzer (1997), a intencionalidade reconhece as "essências" da estrutura. Além disso, faz parte da consciência; por isso, não pode estar separada do mundo real.

Dessa forma, esse método descreve os fenômenos da experiência que se constituem na própria consciência, ou seja, constrói significações para todas as realidades: naturais, materiais, ideais e culturais. Tem como objetivo encontrar o sentido e o significado dos indivíduos e dos grupos sociais ao mundo vivido, de forma que o pesquisador esteja desprovido de preconceitos.

Preste atenção!

No artigo "Fenomenologia e pós-fenomenologia: alternâncias e projeções do fazer geográfico humanista na geografia contemporânea", Marandola Junior (2013) discute a abordagem fenomenológica na geografia contemporânea, salientando tanto sua ligação com a geografia humanística e com os estudos de percepção do meio ambiente quanto seus respectivos desdobramentos (pós-estruturalismo e pós-fenomenologia). Esse trabalho constitui um exemplo da utilização do método fenomenológico na geografia, do qual você pode se apropriar.

Importante ressaltar que os métodos apresentados no decorrer deste capítulo correspondem às abordagens mais utilizadas por geógrafos em suas pesquisas científicas. Isso corrobora a afirmação de Sposito (2004) de que, na geografia, são utilizados os seguintes métodos: hipotético-dedutivo, dialético e fenomenológico.

Independentemente dos métodos citados, Marconi e Lakatos (2010) argumentam que o conceito moderno de método alcança seu objetivo, de maneira científica, quando cumpre ou se propõe a cumprir as seguintes etapas:

1. Descobrimento e exposição do problema.
2. Colocação precisa do problema com base na fundamentação teórica.
3. Seleção do conhecimento e de técnicas para tentar resolver o problema.
4. Tentativa de solução do problema com o auxílio do conhecimento e de técnicas. Se a tentativa for inútil, procede-se ao passo cinco. Caso a tentativa seja válida, passa-se para a etapa seis.
5. Invenção de novas ideias (hipóteses, teorias, técnicas) ou produção de dados empíricos.
6. Obtenção de uma solução com o auxílio da teoria ou da prática.
7. Investigação das consequências da solução (no caso da teoria, busca de prognósticos; em se tratando dos dados, exame das consequências).
8. Comprovação da solução (confronto da solução com a fundamentação teórica). Caso o resultado seja satisfatório, pesquisa concluída. Caso contrário, faz-se uma correção das hipóteses, procedimentos e dados empregados na pesquisa. Ou seja, inicia-se uma nova investigação.

1.3 O papel da técnica na geografia

Os trabalhos científicos que utilizam técnicas produzem conhecimento de caráter empírico com base nas observações dos fatos, no uso dos sentidos, na prática e na vivência de situações reais (Venturi, 2009). O papel das técnicas nesse processo de produção científica consiste em auxiliar pesquisadores na obtenção de dados e na sistematização de informações com o objetivo de proceder à aplicação do método. Você deve estar consciente de que o emprego de técnicas assegura objetividade, confiabilidade e controle dos dados, tão necessários ao desenvolvimento da pesquisa científica. O uso dos instrumentos tecnológicos permite perscrutar os objetos de estudo sem que o pesquisador dependa apenas de sua percepção e de sua inteligência. Na ciência contemporânea, os instrumentos tecnológicos vão além da percepção, pois corrigem falhas do pensamento, caso das inteligências artificiais. Há, ainda, os instrumentos autômatos, que têm os princípios da autorregulação e autoconservação, os quais possibilitam a realização de todas as operações programadas, incluindo a correção da ação e a realimentação de energia (Chaui, 1995).

Assim sendo, as técnicas, em conjunto com os instrumentos tecnológicos, representam a extensão e o aprimoramento das habilidades humanas. Segundo Durozoi e Roussel (1993), a palavra *técnica* refere-se a um conjunto de procedimentos oriundos do conhecimento científico, os quais permitem operar suas aplicações. Portanto, as técnicas vinculam-se às questões teóricas e à evolução do pensamento, além de progredirem conforme as necessidades humanas.

Venturi (2009) alerta que as técnicas, ao exercerem determinadas tarefas, com a maior eficiência possível, não se explicam por si só, uma vez que não constroem conhecimento científico. Nos casos em que os instrumentos tecnológicos desvinculam-se das teorias e métodos, a finalidade será mercadológica, caracterizada por um trabalho técnico.

Nesta obra, foi abordado o uso da técnica para a elaboração de um trabalho científico. Justamente por isso, entendemos que é imprescindível ter uma base teórica e metodológica para se saber por que aplicar determinada técnica.

Conforme mencionado, o uso de técnicas como suporte ao método culmina na elaboração de um trabalho científico. Nesse caso, a escolha das técnicas empregadas está diretamente relacionada com o objeto de estudo. Podemos citar como exemplo o caso dos estudos realizados na pedologia, em que as coletas de solo são feitas mediante o uso do trado, assim como estudos destinados à elaboração de um diagnóstico socioambiental, que requerem a aplicação de questionários.

Além do objeto de estudo, a seleção da técnica envolve outros fatores, tais como: a relação custo-benefício, a viabilidade, a acessibilidade, a criatividade, o domínio das técnicas e os recursos disponíveis. Ao se comparar o uso dos instrumentos mais simples com o dos mais modernos, percebe-se que os primeiros exigem mais habilidades do observador com relação aos fenômenos, ao passo que os mais sofisticados oferecem resultados imediatos, mas não desvendam o funcionamento desses fenômenos. Todavia, instrumentos sofisticados apresentam maior extensão de cobertura, rapidez e precisão na obtenção de dados. Além disso, os instrumentos mais simples têm uma vida útil maior, já os mais modernos necessitam de manutenção frequente, uma vez que podem apresentar problemas, por causa de sua complexidade (Venturi, 2009).

Geralmente, o uso das técnicas pode ser dividido em técnicas de campo e técnicas de laboratório (Venturi, 2009). Nesse caso, entende-se laboratório como sinônimo de gabinete, pois, em ambos os lugares, há aparato próprio para que o pesquisador desenvolva seu trabalho. Importante evidenciar que essa divisão pode ser mais bem compreendida em áreas como hidrologia, climatologia e pedologia, em que, no gabinete, planeja-se o trabalho de campo, e, no laboratório, utilizam-se os dados extraídos em campo para realizar experimentos. Essa situação difere dos estudos efetuados na geografia humana, uma vez que, no mesmo lugar, encontra-se o gabinete e o laboratório.

As técnicas de campo abrangem a observação e a interpretação do fenômeno ou do processo por meio de instrumentos adequados, sejam eles simples, como uma caderneta de campo, ou sofisticados, como os das estações totais. Na ocasião, há um contato direto com a realidade em que seu objeto de estudo está inserido. Esse momento tem uma enorme importância para a sua pesquisa científica, pois permite que você observe os fenômenos e processos atuantes, assim como as inter-relações e a interdependência entre os fatores presentes no objeto de estudo.

Nesse contexto, as técnicas de campo e de laboratório devem ser utilizadas de acordo com o objeto de estudo e com os tipos de dados que se espera obter por intermédio dessas técnicas. Conforme Venturi (2009), os trabalhos de campo devem ser entendidos como técnicas, e não métodos, pois têm como objetivo específico adquirir dados para o desenvolvimento das pesquisas.

1.4 Etapas do projeto de pesquisa científica

Como comentamos anteriormente, as pesquisas científicas constituem um processo de investigação alicerçado em um método, visando à solução de um problema. As etapas da pesquisa necessitam ser planejadas por intermédio de um projeto de pesquisa. Em alguns momentos, uma etapa será pré-requisito para outra; em outros momentos, as etapas serão desenvolvidas concomitantemente.

O desenvolvimento de um projeto de pesquisa abrange várias etapas. A primeira delas compreende a **escolha do tema**. Para essa escolha, deve-se contar com o auxílio da bibliografia existente para averiguar se o problema em foco já foi solucionado por outro pesquisador. Além disso, o tema deve despertar o interesse de quem vai desenvolver a pesquisa, pois esse trabalho se estende por um longo tempo, que pode ser de um ano, no caso da iniciação científica, dois anos, no mestrado, ou quatro anos, no doutorado.

Outro fator a ser considerado quanto à seleção do tema refere-se ao interesse sobre tal pesquisa, visto que ela será desenvolvida por interesse próprio, mas pode estar vinculada a alguma empresa privada ou a entidades, como o CNPq (Conselho Nacional de Desenvolvimento Científico e Tecnológico) e a Capes (Coordenação de Aperfeiçoamento de Pessoal de Nível Superior).

De posse do tema, procede-se à **delimitação do problema**. A delimitação estabelece os limites precisos da dúvida que o pesquisador tem a respeito do tema escolhido. Um problema bem delimitado especifica com clareza as diversas dúvidas (Köche, 2003).

O problema compreende o tema problematizado e a justificativa da importância da pesquisa (Severino, 2016). Pode ser expresso por um enunciado interrogativo com, no mínimo, duas variáveis. Caso não manifeste essa relação, é sinal de que não há clareza suficiente para a investigação (Köche, 2003). Nesse momento, é provisória a delimitação do problema, ou seja, ao longo da pesquisa, com o subsídio da literatura especializada, essa delimitação pode ser reformulada.

Marconi e Lakatos (2010, p. 143-144) alertam que para o problema ser considerado apropriado, ele precisa ser analisado com relação à sua valoração:

  a. viabilidade: pode ser eficazmente resolvido através da pesquisa;
  b. relevância: deve ser capaz de trazer conhecimentos novos;

c. novidade: estar adequado ao estádio atual da evolução científica;
d. exequibilidade: pode chegar a uma conclusão válida;
e. oportunidade: atender a interesses particulares e gerais.

Paralelamente à delimitação do problema, deve-se fazer uma **revisão bibliográfica**. Nessa etapa, o pesquisador reúne os trabalhos realizados (artigos e periódicos em revistas científicas e/ou especializadas, documentos técnicos, dissertações, teses e afins) sobre o tema selecionado, para encontrar informações e dados que podem ser úteis ao desenvolvimento da pesquisa.

Ao iniciar uma investigação científica, é preciso buscar conhecer as contribuições de outros pesquisadores, a fim de não perder tempo procurando respostas que já foram encontradas.

Concomitantemente à revisão bibliográfica, é importante registrar as ideias, as informações e os dados relevantes para solucionar o problema.

Preste atenção!

Há diversas formas de sistematizar esses dados, tais como: fichas (bibliográficas, de citações, de resumo[i] ou de conteúdo, de esboço, de comentário ou analíticas), fichas de Manzo[ii] e resumos. Você

---

i. A ficha de resumo apresenta uma síntese de uma obra. O pesquisador interpreta as ideias principais contidas no texto e as expõe brevemente com suas próprias palavras, ou seja, apresenta sucintamente a informação, em forma de ficha. Geralmente, na parte superior da ficha, é acrescentada a referência bibliográfica para que, em seguida, seja apresentado o resumo. Essas características facilitam a organização e a busca por referências durante a revisão bibliográfica.

ii. As fichas de Manzo (1971) propiciam o registro das obras lidas, conforme as seguintes possibilidades: 1. Ficha de comentário: explanação do conteúdo; 2. Ficha de informação geral: exposição do conteúdo de forma geral; 3. Ficha de glosa: interpretação do texto, a fim de elucidá-lo; 4. Ficha de resumo: síntese das ideias principais; 5. Ficha de citações: reprodução literal das palavras ou trechos importantes (Manzo, citado por Marconi; Lakatos, 2010).

pode encontrar exemplos de como elaborar as fichas ou resumos em Marconi e Lakatos (2010).

Há casos em que o pesquisador desenvolve formas de **registro**, priorizando a praticidade e a utilidade. Alguns pesquisadores utilizam cadernos ou pastas catálogo para elaborar um compêndio sobre a revisão bibliográfica. Há a possibilidade de você desenvolver outras formas de registro, caso as opções apresentadas não sejam ideais.

Após a etapa documental, deve-se elaborar a fundamentação teórica do tema abordado. Nesse momento, faz-se uma ordenação das ideias tendo como enfoque o problema investigado e a relação dele com o estágio de desenvolvimento do tema na ciência – nesse caso, a geografia e as possíveis áreas afins. No caso específico da pesquisa teórica (bibliográfica), a etapa mencionada refere-se ao término do processo investigatório e ao início da redação do relatório, uma vez que essa modalidade de pesquisa explora a bibliografia existente destinada à análise de um tema, sob um enfoque ou abordagem diferente, objetivando alcançar novas conclusões.

Nas demais modalidades de pesquisa, a etapa seguinte compreende a **construção da hipótese**, caracterizada como explicação, condição ou princípio, em forma de proposição que relaciona entre si as variáveis do problema (Köche, 2003). Por isso, a hipótese questiona a validade do problema e propõe uma resposta para ele. O principal objetivo do processo investigatório consiste em verificar se os resultados da pesquisa comprovam ou rejeitam as hipóteses.

Os métodos selecionados, assim como as técnicas utilizadas na pesquisa científica, precisam se adequar ao objeto de estudo, bem como às hipóteses para corroborá-las ou falseá-las. Além disso, outros fatores interferem na escolha dos métodos e das técnicas: o problema a ser estudado, a extensão da área de estudo, os recursos financeiros disponíveis, a equipe e afins.

Nas pesquisas científicas, a escolha dos métodos e das técnicas necessita de definição antes da **coleta dos dados**, pois esse processo acontece poucas vezes durante a pesquisa. O uso das técnicas assegura ao pesquisador dados confiáveis que serão utilizados para a solução do problema proposto na pesquisa científica (Venturi, 2009). Algumas técnicas de pesquisa destinadas à coleta de dados abrangem as entrevistas e os questionários. Além destas, na geografia, destacam-se os trabalhos de campo.

Após a coleta dos dados, estes devem passar por um tratamento, antes de serem utilizados na análise. Marconi e Lakatos (2010) apontam os seguintes procedimentos para esse tratamento: a) seleção – o pesquisador deve efetuar uma verificação criteriosa para detectar falhas ou erros encontrados nos dados; b) codificação – o pesquisador categoriza os dados de acordo com a relação entre eles; c) tabulação – o pesquisador organiza os dados em formato de tabela para verificar as inter-relações existentes.

A técnica utilizada para coletar os dados oferece indicações para sua respectiva **análise e interpretação**. A análise preconiza as relações entre o objeto de estudo e os outros fatores. Marconi e Lakatos (2010) apontam três níveis para a elaboração da análise: 1) **interpretação** – verificação da relação entre as variáveis, a fim de ampliar o conhecimento; 2) **explicação** – esclarecimento da relação entre as variáveis (independente e dependente); 3) **especificação** – explicitação sobre até que ponto as relações entre as variáveis são válidas.

Preste atenção!

O exemplo a seguir demonstrará uma linha de raciocínio para analisar os dados de acordo com três níveis de análise mencionados (interpretação, explicação e especificação).

Ao realizar uma coleta de solo destinada à análise granulométrica, um pesquisador, como de praxe, precisava levar em consideração o relevo, ou seja, o local desse solo na paisagem. Na coleta realizada, foi detectada uma alta quantidade de quartzo (95%) nas frações de areia grossa e de areia fina, características típicas de solo arenoso, tipo que armazena pouca água. Quando comprovado que o solo arenoso continha pouco húmus (matéria orgânica – 5,1 dag kg^{-1}), detectou-se que armazenava menos água do que um solo argiloso, que é rico em húmus. Com isso, o pesquisador pôde concluir que, com a evaporação e com o uso da água pelas plantas, esse solo tende a ser seco.

Com relação à interpretação dos dados, executam-se procedimentos estatísticos ou em Sistemas de Informação Geográfica (SIG) para que sejam determinadas as relações possíveis entre as variáveis, as variáveis e a fundamentação teórica, as variáveis e a hipótese, as variáveis e o problema estabelecido, buscando resultados confiáveis e satisfatórios. Com o propósito de expor os resultados, são utilizados tabelas, quadros, gráficos, blocos-diagramas, perfis topográficos, perfis geoecológicos e mapas, elementos que permitem organizá-los de forma sintética, clara e objetiva.

A última etapa da pesquisa refere-se às considerações finais ou conclusões. Nesse caso, o pesquisador deve atrelar os resultados alcançados aos objetivos e às hipóteses formuladas, enfatizando até que ponto os resultados se mostram satisfatórios ou precisam ser reavaliados em pesquisas futuras por ele mesmo ou por outros pesquisadores. Nessa ocasião, delineiam-se as perspectivas futuras para as pesquisas seguintes, caso tenham relação com o tema que foi investigado.

Ao término da pesquisa, o pesquisador elabora o relatório, no qual apresenta e divulga o desenvolvimento do processo investigatório. Sendo assim, o pesquisador deve iniciar o relatório, apresentando uma contextualização e incluindo a área de estudo e os objetivos formulados para sua investigação. Em seguida, deve apresentar o problema e a justificativa para estudá-lo. Na continuidade, o pesquisador deve elaborar a fundamentação teórica do tema e, com base nesse referencial, expor a hipótese. Na sequência, deve demonstrar os métodos e técnicas utilizados na obtenção dos dados e das informações, assim como deixar claro como analisou e interpretou os dados para alcançar os resultados. De posse dos resultados, o pesquisador deve desenvolver as considerações ou conclusões, sempre relacionando os resultados com os objetivos e a hipótese formulada. Importante destacar que a estrutura do relatório mencionada pode ser adaptada conforme a exigência da entidade ou da organização para a qual se destina.

Lembre-se de que relatórios devem ser apresentados em linguagem clara, objetiva, concisa e coerente, bem como assegurar objetividade, sem fazer uso de expressões impessoais e frases qualificativas ou valorativas, pois a informação se presta a descrever e explicar. Nesse sentido, as informações da pesquisa precisam ser detalhadas, para demonstrar sua relevância para a comunidade científica.

Indicações culturais

SPOSITO, E. S. **Geografia e filosofia**: contribuição para o ensino do pensamento geográfico. São Paulo: Unesp, 2004.

O autor apresenta a construção da ciência, em particular da geografia, sob o ponto de vista metodológico.

CANAL FUTURA. **Um cientista, uma história – Aziz Ab'Saber**. 4 nov. 2015. Disponível em: <https://www.youtube.com/watch?v=rYdpMC4KneY>. Acesso em: 25 maio 2019.

Relata como Aziz Ab'Saber tornou-se um grande cientista na geografia e como desenvolveu a classificação do relevo brasileiro e a Teoria dos Refúgios.

Síntese

Neste capítulo, abordamos a importância da pesquisa científica na construção do conhecimento. Comentamos que a pesquisa científica busca encontrar respostas para os problemas, mas que essas respostas são temporárias, pois o conhecimento não consegue retratar a realidade na sua totalidade. Também explicamos que método e metodologia apresentam diferenças conceituais, mas se complementam. Analisamos os principais métodos empregados nas ciências (dedutivo e indutivo) e enfatizamos os métodos mais abordados na geografia: o hipotético-dedutivo, o dialético e o fenomenológico. Além disso, ressaltamos o papel das técnicas na obtenção de dados e na sistematização das informações em pesquisas de caráter empírico. Tendo em vista toda essa base conceitual, comentamos as etapas necessárias para um projeto de pesquisa científica englobando planejamento, execução e finalização.

Atividades de autoavaliação

1. A pesquisa científica consiste em uma "pesquisa conduzida, que segue regras e convenções da ciência" (Veal, 2011, p. 28). Convencionalmente, as pesquisas científicas são classificadas de acordo com os procedimentos utilizados na construção do conhecimento. Sendo assim, há quatro linhas básicas de pesquisa. Considerando esse contexto, analise as afirmativas a seguir e assinale (V) para as verdadeiras e (F) para as falsas:
   ( ) A pesquisa não empírica utiliza somente a teoria e não tem etapas destinadas à coleta e análise dos dados, pois baseia-se na teoria.
   ( ) A pesquisa empírica baseia-se na observação e na experimentação com a finalidade de gerar resultados por meio da mensuração.
   ( ) A ciência não aceita o uso concomitante de linhas de pesquisa na construção do conhecimento; por isso, o pesquisador deve escolher apenas uma linha de pesquisa.
   ( ) A pesquisa aplicada constitui um meio de modificar a sociedade com base no conhecimento produzido por ela.
   ( ) A pesquisa teórica utiliza a fundamentação teórica para analisar os dados coletados e obter resultados sobre o tema pesquisado.
   Agora, assinale a alternativa que contém a sequência correta:
   a) F, V, V, V, V.
   b) F, V, V, V, F.
   c) V, F, F, F, V.
   d) V, V, F, V, F.
   e) V, V, V, F, F.

2. A pesquisa científica parte de uma investigação planejada, desenvolvida e redigida de acordo com as normas consagradas pela ciência (Ruiz, 1996), objetivando a produção de novos conhecimentos. Sobre esse assunto, assinale (V) para as afirmativas verdadeiras e (F) para as falsas:

( ) A pesquisa científica possibilita a solução definitiva dos problemas, pois objetiva estabelecer as verdades absolutas.

( ) A pesquisa científica inicia-se com a existência de um problema e é concluída quando se encontra uma resposta.

( ) A pesquisa científica contribui para a construção e reconstrução do conhecimento de determinada ciência.

( ) Na educação básica e no ensino superior, a pesquisa científica exige que os alunos tenham uma postura investigativa destinada a construir novos conhecimentos.

( ) As pesquisas científicas produzem o conhecimento, denominado *senso comum*, que explica as situações da vida em sociedade.

Agora, assinale a alternativa que contém a sequência correta:

a) F, V, V, V, V.
b) F, V, V, V, F.
c) V, F, F, F, V.
d) F, V, F, V, F.
e) V, V, V, F, F.

3. De modo geral, as palavras *método* e *metodologia* são utilizadas erroneamente como sinônimos. Em verdade, eles constituem conceitos diferentes. Ao analisar a etimologia dessas duas expressões, entende-se que *metodologia* denota "caminho para" (Carvalho, J. W. S, 2008) e *método* refere-se a "via, caminho" (Chaui, 1995). Nesse contexto, assinale a alternativa correta:

a) O método envolve desenvolver os aspectos instrumentais (por exemplo, procedimentos e ferramentas) para se fazer ciência.
b) A metodologia demonstra as etapas percorridas para a investigação do fato em busca de uma resposta.
c) O método indutivo foi definido como o método matemático, pois parte de enunciados gerais para obter conclusões particulares.
d) Como o método dialético baseia-se nas fases do desenvolvimento histórico e no pensamento humano, não pode ser utilizado na geografia, pois o objeto de estudo dessa área é o espaço geográfico.
e) O método fenomenológico propõe a humanização da ciência; por isso, valoriza o comportamento dos indivíduos e sua relação com os lugares.

4. Toda investigação científica exige que sejam delineados os processos operacionais da pesquisa científica. Para Severino (2016), esse planejamento das atividades impõe uma disciplina de trabalho no que se refere aos procedimentos metodológicos, assim como contribui para a organização e distribuição do tempo da pesquisa científica. Tendo isso em mente, leia as afirmações a seguir:

I. Para a escolha do tema, diversos fatores devem ser levados em consideração: a bibliografia existente, o interesse do pesquisador e o de outras entidades.
II. A delimitação do problema define a dúvida do pesquisador relativa ao tema escolhido.
III. A revisão bibliográfica não é uma etapa obrigatória, pois as informações devem ser geradas pelo próprio pesquisador durante o desenvolvimento da pesquisa científica.

IV. Na fundamentação teórica, ocorre a ordenação das ideias mediante o problema investigado e o tema selecionado.
V. A construção da hipótese demonstra a condição entre as variáveis do problema investigado.
VI. As técnicas devem ser usadas nas pesquisas científicas para a aquisição dos resultados, os quais tornam-se dados após os procedimentos de análise.
VII. Na última parte da pesquisa, os resultados obtidos devem ser atrelados aos objetivos e às hipóteses formuladas.

Com base nas etapas necessárias à pesquisa científica, assinale a alternativa que lista as assertivas **incorretas**:

a) I, II e IV.
b) III e VI.
c) V e VII.
d) II e V.
e) I e IV.

5. Nas pesquisas científicas, a técnica constitui os recursos e procedimentos peculiares a cada objeto de estudo e está relacionada às etapas concernentes ao método (Ruiz, 1996). Sobre o papel das técnicas nas pesquisas científicas, assinale a alternativa correta:

a) Como as técnicas dependem da utilização de instrumentos, os dados obtidos não são confiáveis, pois podem conter erros provenientes dos instrumentos empregados.
b) A escolha das técnicas está desvinculada do método, pois a aplicação dele não depende dos dados obtidos mediante o emprego das técnicas.

c) Na geografia, as técnicas de campo possibilitam que o pesquisador observe e interprete os fenômenos e os processos com o uso de instrumentos.

d) As técnicas que empregam instrumentos mais modernos garantem maior confiabilidade dos dados, pois exigem uma maior habilidade por parte do observador.

e) A construção do conhecimento está baseada principalmente nas técnicas, e as teorias e os métodos são complementares.

Atividades de aprendizagem

Questões para reflexão

1. Imagine a seguinte situação: o pesquisador observa um lago com águas turvas e esverdeadas. Na superfície da água, nota a formação de uma densa camada de algas e a mortandade de peixes. Rapidamente, supõe que na água do lago, há pouco oxigênio e, por isso, realiza a análise, cujo resultado foi de 3,0 mg/L. Esse valor está abaixo do recomendado pela Resolução Conama 357/05 (Brasil, 2005) que recomenda 5,0 mg/L de oxigênio dissolvido para a preservação da vida aquática. Com isso, o pesquisador comprova sua hipótese, mas sente-se motivado a descobrir a causa da eutrofização (crescimento excessivo das algas) desse lago. Então, propõe outro problema, o fósforo em excesso pode desencadear a eutrofização dos ambientes aquáticos.

Diante do exposto, defina o método empregado na situação (hipotético-dedutivo, dialético ou fenomenológico) e explique sua resposta.

2. Conforme estudado neste capítulo, o método dedutivo parte de premissas mais gerais para obter uma conclusão mais particular, ao passo que o método indutivo utiliza características específicas para obter uma verdade. Com base nessa linha de raciocínio, elabore uma lista de temas que exemplifiquem o método dedutivo e outra com temas que representem o método indutivo.

Atividade aplicada: prática

1. De acordo com o que você estudou, o pesquisador precisa ter muito clara a diferença conceitual entre metodologia e método, pois o emprego equivocado desses termos pode denotar falta de credibilidade e pouco amadurecimento científico. Ciente disso, elabore um mapa conceitual para representar a hierarquia entre metodologia e método. Lembre-se de que, na organização, os conceitos mais gerais aparecem no topo da hierarquia; os conceitos mais específicos, na base; e os conceitos com aproximadamente o mesmo nível de generalidade, na posição vertical. As linhas conectando conceitos sugerem relações entre eles.

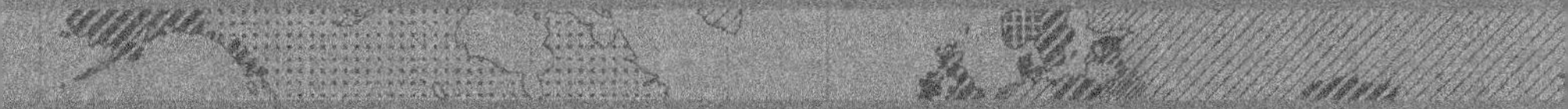

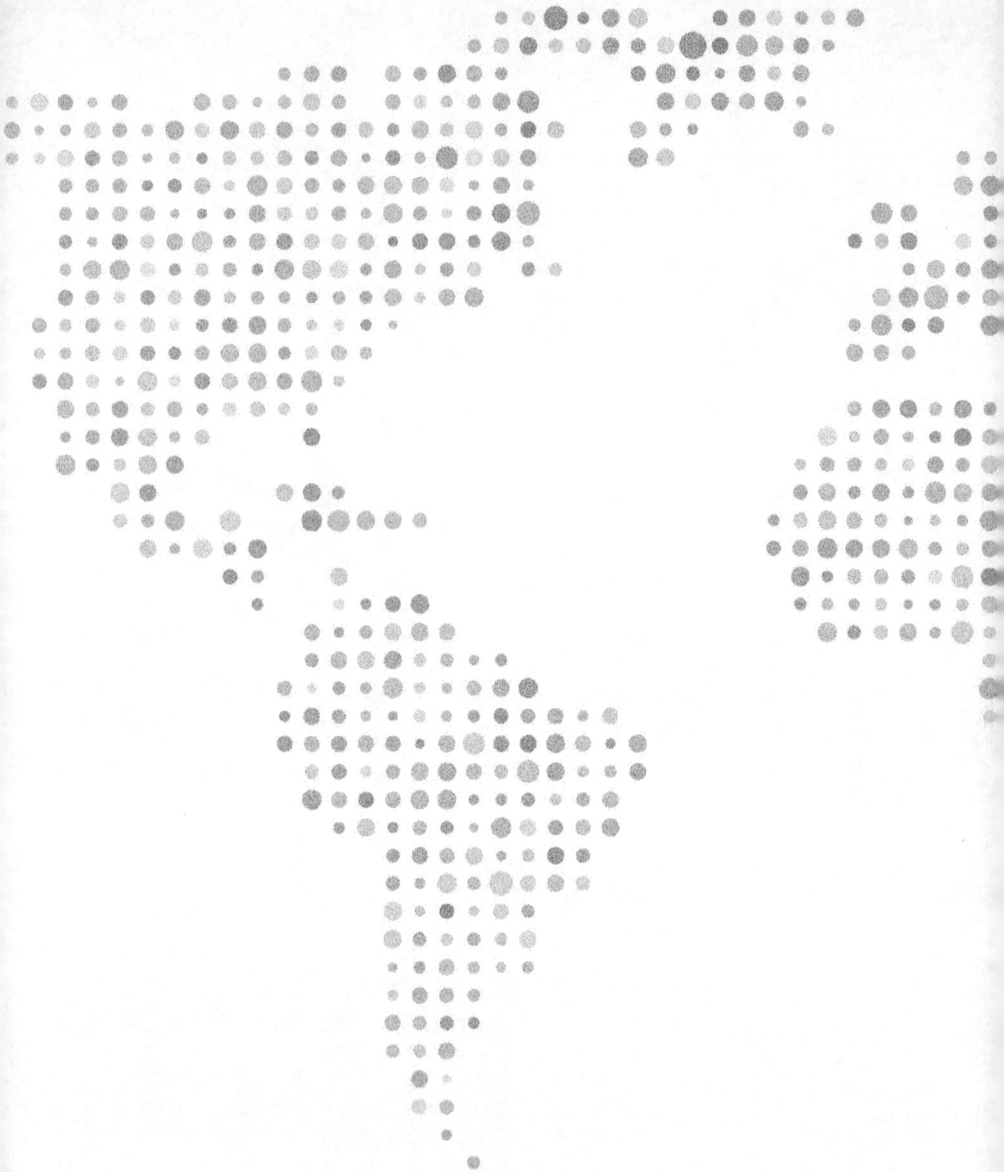

2
Trabalho de campo e técnicas de campo e laboratório

Os trabalhos de campo acompanham a geografia desde sua origem até os dias atuais; por isso, têm relação direta com a formação do pensamento geográfico e constituem uma técnica essencial para o desenvolvimento da pesquisa científica. Neste capítulo, ressaltaremos o uso dos trabalhos de campo como técnica utilizada nas pesquisas científicas para coleta de dados mediante a observação e a interpretação dos fenômenos e dos processos *in loco*. Desse modo, mencionaremos a importância dos tipos de escala espaciais (análise, fenômeno e cartográfica) tanto no planejamento quanto na realização do campo. Além disso, serão exemplificadas formas de registro dos dados e das informações em campo. Proporemos, ainda, uma discussão sobre as funções desempenhadas no laboratório (gabinete) no que se refere ao planejamento e à preparação do campo, assim como sobre a sistematização e o tratamento dos dados e das informações obtidos em campo. Realizaremos, também, uma breve exposição para demonstrar algumas técnicas aplicadas em especialidades da geografia.

2.1 Trabalhos de campo

Durante o curso de Geografia, os estudantes realizam trabalhos de campo. E o que seriam esses trabalhos? Eles envolvem coletar dados, por meio da observação e da interpretação acerca de um problema a ser solucionado, de uma hipótese a ser comprovada ou da descoberta de novas inter-relações ou interdependências entre os fenômenos ou processos. Essa técnica permite que a observação e a interpretação dos fenômenos e dos processos ocorram em uma escala de detalhe, ou seja, *in situ*. Sendo assim, recomenda-se que a busca por informações também aborde a fundamentação teórica sobre o tema estudado.

Segundo Compiani e Carneiro (1993, citados por Scortegagna; Negrão, 2005), os trabalhos de campo foram classificados conforme os seguintes parâmetros: objetivo pretendido; visão de ensino no processo didático; emprego e questionamentos dos modelos científicos existentes; método de ensino; e lógica do processo de aprendizagem. Sendo assim, os autores definiram cinco tipos de trabalhos de campo:

1. **Ilustrativo**: utiliza a lógica da ciência para reforçar o conteúdo em campo. As informações repassadas pelo professor são anotadas pelo aluno na caderneta de campo.
2. **Indutivo**: apresenta um guia de observação e interpretação para que os alunos resolvam o problema apresentado pelo professor. Nesse caso, o processo de aprendizagem faz uso dos métodos científicos e do raciocínio lógico.
3. **Motivadores**: desperta a curiosidade e o interesse do aluno para um determinado assunto. O trabalho de campo valoriza a experiência e o conhecimento do aluno.
4. **Treinadores**: o aluno treina as técnicas com o uso de aparelhos e instrumentos científicos. As atividades recebem o direcionamento do professor; cabe ao aluno sistematizar as anotações, medições ou coletas de amostras.
5. **Investigativo**: o aluno elabora as hipóteses a serem pesquisadas; para isso, estrutura a observação e a interpretação e decide as estratégias para validá-las, tanto com base nos dados e informações obtidos em campo quanto com base na fundamentação teórica.

Para Hawley (1996, citado por Carvalho et al., 2007), há a abordagem tradicional e a abordagem investigativa para os trabalhos de campo. Na primeira, há o predomínio da atividade observacional com ênfase na descrição e na coleta de informações e as explicações dadas são caracterizadas como certas e definitivas; na segunda, a realização do trabalho de campo ocorre em um contexto apropriado e interdisciplinar, no qual se desenvolvem habilidades práticas e manipulativas, a fim de se tomar decisões. Por essas características, a abordagem investigativa se mostra mais adequada ao processo investigatório de uma pesquisa científica.

Scortegagna e Negrão (2005) propõem um novo tipo de trabalho de campo, denominado *saída de campo autônoma*. Os objetivos desse tipo de trabalho consistem em despertar nos alunos o espírito investigativo e prepará-los para a vida profissional. Os alunos realizam o trabalho de campo sem a presença do professor, em locais onde seja possível estabelecer a inter-relação entre a teoria abordada em sala de aula e a aplicação dos temas. O processo investigatório torna-se constante, ou seja, os alunos retornam ao campo quantas vezes forem necessárias sob a orientação do professor. Essa nova proposta de trabalho tem o diferencial de ampliar as discussões entre o aluno e o professor.

O trabalho de campo possibilita, com base no concreto, extrair o abstrato, aspecto necessário à sistematização da pesquisa científica. Suertegaray (2002) associa o termo *campear* – utilizado pelo homem do campo e cujo significado é "pesquisar" – com fazer campo, campeando, procurando e pesquisando. Claval (2013) afirma que o trabalho de campo "tem raízes medievais, encontra seus primeiros teóricos no século XVIII, consolida-se no século XIX e triunfa no início do século XX". Na primeira metade do século XVIII, a tarefa do geógrafo baseava-se em determinar as longitudes, que não eram medidas de forma direta. Nessa época, a geografia era realizada em gabinetes e fundamentava-se em relatos de viagem e diários de bordo. No século XIX, a formação do geógrafo foi influenciada pelos saberes naturalistas, inclusive pela prática dos trabalhos de campo. No final do século XIX, o trabalho de campo dos geógrafos difere do de pioneiros como Alexander von Humboldt[i], em virtude da disponibilidade de mapas e de dados já coletados pelos serviços oficiais. Conforme Baudelle, Ozouf-Marignier e Robic (2001, citados por Claval, 2013), em 1905, ocorreu a institucionalização dos trabalhos de campo nas universidades, quando Emmanuel Martonne criou a excursão universitária. Para os geógrafos formados na metade do século XX, o trabalho de campo tornou-se a base de toda pesquisa e condição necessária para a elaboração de um trabalho acadêmico. Por fim, nesse momento, a geografia privilegiou a observação direta, em escala local e regional, por ser a escala usada nos trabalhos de campo.

Convém salientar que Humboldt já deixava claro que o trabalho de campo abrange muito mais que a coleta de dados e informações, pois proporciona a observação da realidade na forma de paisagens. Em conformidade com a ideia de Humboldt, Claval (2013) explica que os trabalhos de campo servem para coletar dados e garantir a veracidade na geografia, assim como para possibilitar a verificação das individualidades presentes na realidade.

Claval (2013) explica que antes de os dados serem coletados por serviços públicos e/ou privados (pesquisas e estatísticas) e serem disponibilizados aos pesquisadores, os geógrafos executavam os trabalhos de campo como técnica primordial para suas pesquisas e formação profissional. Sendo assim, os trabalhos de campo contribuíram e continuam contribuindo para a formação do pensamento geográfico, bem como constituem uma técnica essencial para o desenvolvimento da pesquisa científica.

---

i. Alexander von Humboldt (1769-1859) foi um naturalista e explorador no século XIX. É considerado um dos precursores da geografia, pois estabeleceu as bases da ciência geográfica ao elaborar procedimentos para a análise dos fenômenos observados nas paisagens.

Adotando essa perspectiva, Lefort (2012, p. 468, tradução nossa) reconhece a existência do "desejo do trabalho de campo" nos geógrafos. Segundo a autora, o geógrafo deseja realizar a observação durante os trabalhos de campo, assim como quer se apropriar de determinado lugar e ser reconhecido por isso. Desse modo, a relação do geógrafo com o trabalho de campo atinge tanto a esfera intelectual quanto a esfera pessoal. Com isso, o pesquisador utiliza sua formação e as experiências vividas para desenvolver novas reflexões.

Lacoste (1985) afirma que o trabalho de campo cria possibilidades para a produção de um novo saber, em vez de perpetuar a reprodução do conhecimento. Assim, defendeu que os alunos do curso de Geografia deveriam, desde o começo da graduação, receber formação para as pesquisas. Para isso, propôs que os estudantes participassem de pesquisas coletivas com o propósito de prepará-los para a pesquisa individual.

O trabalho de campo deve ser realizado seguindo um método, o qual é escolhido conforme a concepção de mundo do pesquisador. Dessa forma, a pesquisa empírica pressupõe a observação e a descrição do objeto de estudo. Nesse caso, o pesquisador tem a função de captar os dados e as informações do objeto observado de maneira objetiva. Já na compreensão hermenêutica, observar o campo permite desvendar o espaço da vida. Na pesquisa de campo, caracterizada como uma ação de explicação e intervenção, o campo conduz a transformação naquilo que envolve a territorialização, a desterritorialização e a reterritorialização (Suertegaray, 2002).

O pesquisador é o principal responsável pela pesquisa científica, seja no que se refere à abordagem realizada no objeto de estudo, aos resultados obtidos ou às considerações elaboradas. Nesse contexto, o trabalho de campo é um instrumento da análise geográfica, fundamentado em um método de investigação, que possibilita a inserção do pesquisador na sociedade.

Por isso, Lacoste (1985) ressalta a importância de comunicar os resultados da pesquisa realizada à comunidade. O autor defende a necessidade de tornar essa etapa obrigatória na pesquisa científica e reforça que a eficácia e o rigor do processo investigatório não perderiam em nada com isso. Lacoste recomenda também que, na localidade estudada, a pesquisa esteja à disposição da comunidade por meio de elementos de exposição, a fim de que possa ser consultada ou até mesmo complementada com novas informações. Além disso, ele acredita que as pessoas conseguiriam tirar o máximo proveito das pesquisas científicas, caso fossem instruídas sobre a concepção do trabalho de campo.

Para refletir

E você concorda com essa opinião de Lacoste? Por quê?

Importante!

A prática do trabalho de campo, atrelada ao método científico, contribui para o desenvolvimento do processo investigatório na pesquisa científica. Sendo assim, os trabalhos de campo na geografia apresentam várias vantagens, tais como: a observação e a interpretação dos fenômenos e processos em escala de detalhe; o acúmulo de dados sobre o objeto de estudo; a possibilidade de produzir novos conhecimentos; e a inserção do pesquisador na sociedade. Todavia, segundo Marconi e Lakatos (2010), deve-se ter em mente que o trabalho de campo apresenta algumas desvantagens: pequeno grau de controle sobre a situação da coleta de dados; existência de imprevistos que interferem nos dados e, consequentemente, nos resultados; e o comportamento verbal de pouca confiança (indivíduos podem falsear suas respostas).

Conforme demonstrado, os trabalhos de campo acompanham o desenvolvimento da geografia desde a sua sistematização como ciência, por meio das primeiras expedições do naturalista Alexander Von Humboldt, até a contemporaneidade, em que a técnica se faz presente nos cursos de Geografia (licenciatura e bacharelado) no Brasil. Justamente por isso, Cavalcanti (2011) afirma que os trabalhos de campo fazem parte da história do pensamento geográfico, corroborando os trabalhos e artigos publicados entre 1940 e 2000 a respeito dessa temática.

Ao analisar os referenciais históricos metodológicos, observa-se que a década de 1970 foi extremamente significativa para o desenvolvimento dos trabalhos de campo. Esse avanço pode ser designado à aprovação da Lei n. 6.664, de 26 de junho de 1979 (Brasil, 1979), que reconheceu a profissão de geógrafo e elencou as competências, as atividades e as funções desse profissional. Souza, Faria e Neves (2008) argumentam que a lei não traz implicitamente a obrigatoriedade do trabalho de campo; contudo, entre as diversas atribuições do geógrafo, prevê-se a necessidade da investigação *in loco*, conforme demonstrado em seu art. 3°:

> Art. 3° [...]
>
> I – reconhecimentos, levantamentos, estudos e pesquisas de caráter físico-geográfico, biogeográfico, antropogeográfico e geoeconômico e as realizadas nos campos gerais e especiais da Geografia, que se fizerem necessárias. (Brasil, 1979)

Em 2001, o Ministério da Educação estabeleceu o Parecer CNE/CES 492, de 3 de abril de 2001 (Brasil, 2001) com o objetivo de estabelecer normas a serem implementadas nos cursos de Geografia no Brasil. Esse documento reforçou o desenvolvimento da habilidade dos futuros profissionais em "planejar e realizar as atividades de campo referentes à investigação geográfica" (Brasil, 2001). Desse modo, tal discussão não termina com a leitura desta obra, pois ela serve de incentivo para que você continue desenvolvendo trabalhos de campo na sua vida profissional e/ou acadêmica.

2.2 Técnica

O desenvolvimento da pesquisa científica pressupõe organizar o pensamento para estudar determinado objeto de estudo. A fundamentação teórica oferece subsídios para a escolha do método, assim como para as técnicas e instrumentos. O uso das técnicas garante a obtenção e a sistematização de dados e informações de forma mais objetiva. Em decorrência disso, a coleta eficaz de dados deve ser efetuada de forma sistemática, vinculada ao objetivo e à hipótese da pesquisa científica.

Conforme já explicamos, as técnicas e os instrumentos criados pelos seres humanos representam a extensão e o aprimoramento dos sentidos e das habilidades. Por isso, possibilitam enxergar e medir com precisão o que percebemos de forma sensorial. A técnica pode ser assimilada somente com a prática, resultando em aprendizagem e domínio de conhecimento. Dessa forma, o emprego da técnica não é um fazer sem pensar, pois o pensar e o fazer se complementam (Venturi, 2012).

Marconi e Lakatos (2010, p. 157) entendem que "técnica é um conjunto de preceitos ou processos que serve uma ciência ou arte; é a habilidade para usar esses preceitos ou normas, a parte prática". Essas autoras classificam as técnicas de pesquisa, conforme síntese apresentada no Quadro 2.1.

Quadro 2.1 - Técnicas empregadas nas pesquisas científicas

TÉCNICA EMPREGADA
1. Documentação indireta
1.1 Pesquisa documental
1.2 Pesquisa bibliográfica
DEFINIÇÃO
Fonte primária
Coleta de dados em documentos (escritos ou não)
CARACTERÍSTICAS
» Arquivos públicos (documentos oficiais, publicações parlamentares, documentos jurídicos e iconografia)
» Arquivos particulares (domicílios particulares, instituições privadas, instituições públicas)
» Fontes estatísticas de órgãos particulares ou públicos
» Imprensa escrita
» Meios audiovisuais
» Material cartográfico
» Publicações (livros, teses, dissertações, monografias, artigos, periódicos etc.)

(continua)

(Quadro 2.1 - continuação)

TÉCNICA EMPREGADA 2. Documentação direta 2.1 Pesquisa de campo (trabalho de campo) 2.2 Pesquisa de laboratório **DEFINIÇÃO** Levantamento de dados no local de ocorrência dos fenômenos ou processos **CARACTERÍSTICAS** **Quantitativa-descritiva:** » Pesquisa empírica com artifícios quantitativos para coleta sistemática de dados sobre populações, programas e/ou amostras de populações e programas » Entrevistas, questionários, formulários e procedimentos de amostragem **Exploratório:** » Pesquisa empírica para formulação de questões ou problemas com as seguintes finalidades: desenvolver hipóteses; compreender ou modificar conceitos; aumentar a familiaridade entre pesquisador e objeto de estudo » Vários procedimentos de coleta: entrevistas, observação do participante, análise de conteúdo etc. » Realizam-se descrições quantitativas ou qualitativas **Experimentais:** » Pesquisa empírica cujo objetivo é testar hipóteses (relações de causa-efeito) » Possível realização em campo ou no laboratório » Descrição e análise do objeto de estudo em situações controladas » Instrumental específico e ambiente adequado

(Quadro 2.1 – conclusão)

TÉCNICA EMPREGADA
3. Observação direta intensiva
3.1 Observação
3.2 Entrevistas
DEFINIÇÃO
Realizada por meio da observação e entrevista
CARACTERÍSTICAS
» A observação para conseguir informações e os sentidos na obtenção dos aspectos da realidade
» Exame de fatos ou fenômenos que deseja estudar
» Contato mais direto do pesquisador com a realidade
» Encontro entre duas pessoas para obter informações sobre determinado assunto, mediante conversação de natureza profissional
» Procedimento utilizado na investigação social para coleta de dados ou no diagnóstico ou tratamento de um problema social
TÉCNICA EMPREGADA
4. Observação direta extensiva
4.1 Questionário
4.2 Formulário
DEFINIÇÃO
Utiliza perguntas para coletar dados
CARACTERÍSTICAS
» Série ordenada de perguntas, que devem ser respondidas por escrito e sem a presença do pesquisador
» Junto ao questionário, explicitação das explicações sobre a natureza da pesquisa, sua importância e a necessidade das respostas
» Instrumento essencial para a investigação social
» Contato face a face (pesquisador – entrevistado) e roteiro de perguntas a ser preenchido pelo pesquisador durante a entrevista

Fonte: Elaborado com base em Marconi; Lakatos, 2010.

O Quadro 2.1 demonstra que as técnicas empregadas na pesquisa científica foram classificadas em duas abordagens, ou seja, por meio da documentação indireta e da documentação direta. Desse modo, **na abordagem indireta**, a pesquisa documental abrange a busca por dados em fontes primárias, como os documentos (a coleta de dados pode ser realizada no momento ou após a ocorrência dos fatos ou fenômenos); e a pesquisa bibliográfica utiliza as fontes secundárias (a consulta aos dados contempla a bibliografia utilizada sobre determinado assunto). Esse tipo de pesquisa proporciona ao pesquisador o contato com aquilo que foi escrito sobre o tema. As pesquisas de campo e de laboratório fazem parte da **documentação direta**, pois o levantamento de dados dos fenômenos e processos ocorre no local. No caso da pesquisa de campo, a observação dos fenômenos e processos ocorre espontaneamente, sem interferência do pesquisador, de acordo com o propósito de coletar os dados relevantes para o desenvolvimento da pesquisa; no caso da pesquisa de laboratório, descreve-se e analisa-se uma situação controlada por meio de instrumentação específica e ambiente adequado.

> **Para refletir**
> Associe a pesquisa de laboratório com as aulas de Química e Física no laboratório do colégio.

Tendo em vista o uso das técnicas na geografia, Venturi (2012) propôs a divisão apresentada no Quadro 2.2.

Quadro 2.2 – Uso das técnicas na geografia

Uso da técnica	Características
Gabinete	Trabalho com instrumento específico ou não
	Planejamento e preparação do trabalho de campo
Laboratório	Tratamento de dados e informações obtidos em campo e planejadas no gabinete
	Sistematização das informações (base empírica da pesquisa)
	Contato controlado da realidade, intermediado por instrumentos
	Simulação de fenômenos
Campo	Contato imediato com a realidade
	Pesquisador submetido à dinâmica da realidade
	Técnicas de observação e interpretação (instrumentadas ou não)

Fonte: Elaborado com base em Venturi, 2012.

Nessa proposta, o uso da técnica foi pautado nas etapas utilizadas durante a pesquisa científica desenvolvida na geografia. Sendo assim, existem dois momentos: o laboratório, incluindo o gabinete, e o campo. Normalmente, faz-se a distinção entre laboratório e gabinete em áreas da geografia que utilizam instrumentos mais específicos. Todavia, independentemente da área, as funções desempenhadas no gabinete e no laboratório podem ser utilizadas em qualquer pesquisa científica, sendo elas: a ideia do gabinete como *locus* de trabalho para o planejamento e a preparação do trabalho de campo e o laboratório onde ocorre o tratamento dos dados obtidos em campo.

Conforme Venturi (2009), as técnicas de laboratório desempenham diferentes papéis na pesquisa científica. Primeiramente, elas contribuem para o **preparo do campo**. Por isso, o pesquisador desenvolve um modelo teórico de referência para auxiliá-lo na preparação e no planejamento do campo. Dessa forma, são estabelecidas as atividades e técnicas a serem desenvolvidas na área de estudo ou no recorte espacial, assim como é definida a logística referente a locomoção, alimentação e hospedagem (caso necessário). Após a pesquisa de campo, os dados recebem tratamento, a fim de serem sistematizados no ambiente do laboratório. Para finalizar, as técnicas de laboratório, com o uso de instrumentos específicos, podem ser utilizadas para simular situações reais.

Nos **trabalhos de campo**, o pesquisador observa e interpreta os fenômenos e processos tal como ocorrem espontaneamente, ou seja, ele tem o contato imediato com a realidade, sem nenhum tipo de controle ou interferência. Na **coleta de dados**, ele pode fazer uso de equipamentos; nesse momento, ele registra os dados para que, após a **análise do material**, eles possam ser utilizados na pesquisa científica. Por isso, Claval (2013) afirma que o trabalho de campo tem como pressupostos garantir a autenticidade das observações coletadas e possibilitar a descoberta de realidades que se desprendem de outras técnicas de investigação.

Especificamente na geografia, a prática do trabalho de campo desencadeou duas contribuições. A primeira vincula-se à visão global e à compreensão das paisagens com o objetivo de compreender o que caracteriza as unidades territoriais; a segunda entende que o trabalho de campo possibilita determinar as diferentes políticas que moldam o espaço geográfico, bem como as concepções de vida de determinado lugar (Claval, 2013).

Além disso, a realidade geográfica não corresponde simplesmente à soma das partes observáveis; ela revela, por meio da paisagem, a configuração dos fenômenos e processos, sendo passível de ser compreendida por meio da experiência prática (Claval, 2013). Por isso, faz-se necessário utilizar as técnicas para compreender a realidade por meio da observação e da verificação dos fenômenos e processos durante os trabalhos de campo.

2.3 Observação em campo

Na geografia, a definição da **escala de análise** (área de estudo ou recorte espacial) torna-se uma problemática fundamental nos trabalhos de campo. Racine, Reffestin e Ruffy (1983) afirmam que a escolha da escala estabelece as condições para a observação, descrição e interpretação dos fenômenos e processos inseridos em um sistema conceitual. Sendo assim, nota-se uma relação direta entre a escala e o grau de generalização dos fenômenos.

Entretanto, nem sempre o pesquisador consegue delimitar a escala de análise conforme seu interesse, em virtude da falta de dados disponíveis. Nesse caso, o pesquisador pode dar continuidade ao projeto, conforme a escala disponível, ou obter dados primários (coletados pelo próprio pesquisador) e/ou secundários (coletados por terceiros), para que a escala de análise seja compatível com a pesquisa.

Lacoste (1989) enfatiza que, no conhecimento geográfico, não há nível de análise privilegiado, pois o fato de se escolher determinada escala de análise possibilita apreender certos fenômenos e certa estrutura, mas acarreta a ocultação de outros, para os quais não se pode estabelecer a verdadeira relevância e, por isso mesmo, não se pode negligenciar a existência. Em decorrência disso, Lacoste ainda ressalta a necessidade de o pesquisador colocar-se em outros níveis de análise.

Além da escala de análise, o pesquisador deve se preocupar com a **escala do fenômeno**, caracterizada pelo tamanho da manifestação do fenômeno geográfico na superfície terrestre. O entendimento dessa escala permite compreender a abrangência do fenômeno e suas inter-relações. Por essa razão, a delimitação da escala do fenômeno, segundo Queiroz Filho (2009), determina a hierarquia das ocorrências. Consideremos como exemplo um córrego, que é afluente de um rio e que, por sua vez, faz parte de uma bacia hidrográfica.

> **Para refletir**
>
> A delimitação da escala do fenômeno é importantíssima. Com base no exposto, pense em outros exemplos aplicados à geografia.

Outra escala necessária à execução da pesquisa científica refere-se à **escala cartográfica**, que indica a proporção entre o tamanho do objeto e suas dimensões no mapa. Para definir a escala cartográfica, você deve levar em consideração a menor dimensão do objeto observada na área de estudo ou no recorte espacial. Além disso, Queiroz Filho (2009, p. 56-57) recomenda verificar, no fenômeno estudado, "a distribuição espacial e a forma de análise; o formato da representação espacial e a generalização cartográfica (seleção do objeto e simplificação da forma e estrutura representada no mapa)".

Importante!

A compreensão dos tipos de escala (de análise, do fenômeno e cartográfica) é fundamental para a realização do trabalho de campo, pois as escalas cartográficas presentes nos materiais de campo (mapas, cartas e afins) devem ser interpretadas em conformidade com o fenômeno observado na área de estudo ou no recorte espacial.

É importante relembrar que a escala cartográfica é classificada em numérica e gráfica. A **escala numérica** oferece uma informação imediata do número de reduções a que a superfície foi submetida; já a **escala gráfica** acompanha a escala do mapa quando esta é ampliada ou reduzida. No caso de fotografias aéreas e imagens de satélite, a escala baseia-se na altitude média do relevo; por isso, apresenta uma escala aproximada.

Importante!

Lembre-se de que não é possível sobrepor representações cartográficas de escalas cartográficas idênticas, mas com projeções diferentes.

Na geografia, os mapas, as cartas e, mais recentemente, as imagens de satélite auxiliam o pesquisador a planejar e a realizar os trabalhos de campo. O pesquisador consulta as representações cartográficas para observar previamente a área de estudo ou o recorte espacial. A carta topográfica possibilita inferir o relevo e identificar elementos antrópicos presentes na área de estudo ou no recorte espacial. Além disso, ela possibilita que o pesquisador se localize em campo por meio de pontos de referência. Durante o trabalho de campo, o pesquisador pode consultar o mapa geológico para verificar a influência do substrato rochoso na formação dos solos. Há, ainda, os mapas temáticos que, atrelados ao trabalho de campo, oferecem uma visão sistemática da área de estudo ou do recorte espacial. Os exemplos citados demonstram a importância do uso das representações cartográficas antes e durante os trabalhos de campo.

Atualmente, os trabalhos de campo utilizam a carta-imagem – carta elaborada com base em uma imagem de satélite. Essa carta representa os elementos naturais ou antrópicos da Terra, destinados à atividade humana, permitindo a avaliação precisa de distâncias, direções, localização geográfica de pontos, áreas e detalhes (Sausen, 2001). Sendo assim, a carta-imagem serve ao pesquisador como ferramenta para compreender a realidade de sua área de estudo ou recorte espacial. Carvalho et al. (2007) ressaltam que as tecnologias de sensoriamento remoto potencializam os trabalhos de campo, pois possibilitam ao pesquisador uma percepção espacial mais apurada e, consequentemente, tendem a revelar novas características da área de estudo ou recorte espacial.

Claval (2013) ressalta que o trabalho de campo possibilita aos geógrafos a apreensão de elementos que passam despercebidos pelo viajante comum, pois os geógrafos desenvolvem competências de análise visual que permitem enxergar realidades invisíveis a outros. A observação pode ser feita mediante o emprego de técnicas de campo, como a caderneta de campo.

Na caderneta de campo são anotadas, de forma estruturada e sistemática, as observações feitas no campo a olho nu ou com o uso de instrumentos. Posteriormente, esse levantamento subsidia a feitura do relatório e dos mapas, conforme a necessidade do trabalho.

O registro dos dados primários e das informações em campo deve ser feito no momento da observação; por isso, o material utilizado na caderneta de campo precisa ser resistente, em conformidade com o objetivo do trabalho de campo. Geralmente, as cadernetas de campo têm capa dura para facilitar as anotações, quando o pesquisador estiver em locais em que não há superfícies planas; as folhas podem ser pautadas ou lisas, conforme a preferência do pesquisador; os anexos podem conter mapas, tabelas, legendas, convenções cartográficas, entre outros elementos.

Com a finalidade de manter a caderneta organizada, é recomendável anotar a data, a localização e as coordenadas geográficas do trabalho de campo realizado. Caso haja mais de um ponto de observação no trabalho de campo, é interessante registrar a localização, incluindo pontos de referência, e as coordenadas geográficas de cada um deles. Posteriormente, deve-se proceder à descrição das informações e à coleta de dados. As imagens (desenhos, perfis, esquemas, fotografias) são utilizadas para complementar as informações e ajudar a memória, nos casos em que é necessário retomar as atividades desenvolvidas no campo.

Observe exemplos de registros em cadernetas de campo na Figura 2.1.

Figura 2.1 - Análise de um perfil de solo

29/05/2012

TRABALHO DE CAMPO NA FAZENDA EXPERIMENTAL CANGUIRI
1º ponto de observação: perfil na estrada.
CLASSIFICAÇÃO: CAMBISSOLO ÓCRICO.
Situação e declive: topo de vertente; 3-6% de declive.
Formação geológica: Formação Guabirotuba.
Material originário: produto do intemperismo.
Relevo local: suave ondulado.
Erosão: não detectada.
Drenagem: bem drenado.
Vegetação primária: Mata de Araucária.
Uso atual: pastagem.
DESCRIÇÃO MORFOLÓGICA:

Horizonte O
Profundidade: 0-25 cm.
Cor: 5YR 3/2.
Textura: siltosa.
Estrutura: granular.
Consistência (seca): ligeiramente duro.
Consistência (molhado): plástico.
Transição (nitidez e contraste): abrupta.

Horizonte A
Profundidade: 25-55 cm.
Cor: 5YR 4/4.
Textura: argilosiltosa.
Estrutura: blocos.
Consistência (seca): ligeiramente duro.
Consistência (molhado): plástico.
Transição (nitidez e contraste): gradual.

Horizonte B
Profundidade: 55-102 cm.
Cor: 2,5YR 4/8.
Textura: argilosa.
Estrutura: blocos.
Consistência (seca): duro.
Consistência (molhado): ligeiramente plástico.
Transição (nitidez e contraste): difusa.
Obs.: Linhas de seixos no horizonte.

Horizonte C
Profundidade: 102-183 cm.
Cor: 2,5YR 4/6.
Textura: franco-argilo-arenosa.
Estrutura: blocos.
Consistência (seca): macio.
Consistência (molhado): plástico.
Obs.: Cor - mosqueamento 5YR 6/0; 10% de mosqueamento.

Figura 2.2 – Observações efetuadas na cidade de Laguna (SC), durante um trabalho de campo integrado

---

01/11/2010

TRABALHO DE CAMPO INTEGRADO III
1º ponto de observação: Laguna (SC).
Trajeto percorrido: BR376/BR101.
Cidade de Laguna:
» falta de semáforo e pouca fluidez no trânsito;
» ruas estreitas no centro histórico para preservar a história;
» descarte inadequado do lixo: a população coloca lixo nas praças, e não em frente das casas para a coleta.

Patrimônio público – lugares revitalizados: Museu Anita Garibaldi e Cariocas (Bicas d'Água); lugares depredados: placas e bancos de praças e monumentos.

Paisagens intra-urbanas observáveis: Centro Histórico, Laguna Internacional, ocupação de baixa renda na entrada da cidade, bairro de Praia do Mar Grosso (ruas edificadas, prédios novos construídos a partir de 1970).

Questão histórica
Linha imaginária do Tratado de Tordesilhas: ponto final ao sul do continente até a Ilha de Marajó, no Pará.
Atividades econômicas: pesca e rizicultura (extensa planície).
Plano Diretor:
» construção de edificações com até 2 andares ao redor do morro em que está localizada a Nossa Senhora da Glória;
» construção de edificações com até 5 andares nas proximidades da praia.
Objetivo: Garantir a manutenção da vista do nascer e do pôr do sol.
Manguezal: última faixa de mangue mais ao sul do hemisfério sul => últimos resquícios próximos ao Farol de Santa Marta.
Principal bacia hidrográfica: Rio Tubarão.
Ano de 1974 ocorreu uma grande enchente => retificação do rio.

Existem trabalhos de campo em que, nos pontos de observação, deve ser repetida a análise dos dados. Nessa situação, o pesquisador tem a possibilidade de utilizar uma ficha, objetivando padronizar e otimizar a coleta em campo. Já em gabinete, as fichas facilitam a organização das informações e o processamento dos dados. Há a possibilidade de utilizar e/ou adaptar modelos de fichas existentes, conforme o objetivo da pesquisa.

Observe o Quadro 2.3, que exemplifica um modelo adaptado de ficha destinada à descrição morfológica dos solos em campo (Mikosik, 2015).

Quadro 2.3 – Modelo de ficha para a descrição morfológica dos solos em campo

SOLO: Cambissolo		
Descrição geral		
Identificação amostra	Coordenadas	
	X	Y
N	723471	7183682
Obs.:		

SOLO: Cambissolo		
Descrição morfológica		
Horizontes	Profundidade (cm)	Cor
A	0-5	5YR 5/3
A/B	18	5YR 5/3
B1	25	7,5YR 6/4
B2	32	10YR 7/6
B/C	42	10YR 7/6
C	70	10YR 6/6
Obs.:		

(continua)

(Quadro 2.3 – conclusão)

SOLO: Cambissolo	
Controle das análises	
Pedocomparador	Física e química
	Laboratório
NA	NA1
NA/B	
NB1	NB1
NB1	
NB/C	
NC	
Obs.:	

Seguindo o exemplo, após fazer a sistematização dos dados obtidos nos pontos amostrais, o pesquisador coleta as amostras para serem encaminhadas aos laboratórios de análise. Cada amostra deve ser etiquetada e identificada em conformidade com o registro da caderneta de campo ou ficha. Para isso, utiliza-se fita plástica e caneta à prova d'água para evitar a perda das informações e, consequentemente, da própria amostra. Além de utilizadas na pedologia, essas opções de registro e de coleta de amostras são aplicadas também na geologia, na biogeografia, entre outras áreas. Outro exemplo de ficha de levantamento de campo, destinada a estudos ambientais para vias de transporte terrestre, encontra-se disponível em Sampaio e Sopchaki (2017).

Em trabalhos de campo destinados à descrição da realidade observada, pode-se utilizar o **questionário** como técnica de pesquisa, o qual envolve pessoas como fontes de dados e informações. O questionário bem-estruturado garante clareza, organização lógica e agrupamentos de questões, e tem como objetivo coletar dados quantitativos. O maior exemplo de uso de questionários para coleta de dados no Brasil é o Censo, realizado a cada dez anos, pelo Instituto Brasileiro de Geografia e Estatística (IBGE). Atualmente, os recenseadores utilizam o computador de mão PDA (Personal Digital Assistant), a fim de preencher os questionários de pesquisa durante as entrevistas feitas nos domicílios.

Com o advento das geotecnologias, as ferramentas disponíveis para os trabalhos de campo também estão disponíveis em meio digital. Para isso, há aplicativos com funções específicas que auxiliam o pesquisador no planejamento ou na execução dos trabalhos de campo.

Preste atenção!

Os aplicativos de previsão meteorológica, como o Windy, mostram informações sobre o tempo atmosférico de determinada localidade, como: temperatura, direção e velocidade dos ventos, umidade relativa, chuva, pressão atmosférica, assim como as condições das marés e das ondas. Há aplicativos com mapas de geolocalização, vinculados ao GPS do aparelho, em que rotas feitas a pé ou de automóvel podem ser salvas, inclusive com fotos registradas no próprio local. Esses aplicativos também permitem compartilhar a localização do usuário. Como exemplos, podemos citar o Oruxmaps e o Waze.

Para o uso de *drones*, é importante escolher um aplicativo capaz de planejar voos automatizados, com modos diferentes de mapeamento, e que possibilitem executar voos em estruturas 3D (construções), voos livres e voos destinados aos mapeamentos aéreos. Exemplo de aplicativo: Pix4D Capture.

2.4 Técnicas de campo e de laboratório (gabinete)

O uso da técnica na geografia pode ser dividido em duas etapas: as técnicas de laboratório (gabinete) e as técnicas de campo. As atividades desenvolvidas no gabinete abrangem o planejamento e a preparação do trabalho de campo; no laboratório, ocorre a sistematização e o tratamento dos dados e das informações obtidos em campo. Normalmente, nas especialidades que trabalham temas sociais, o gabinete e o laboratório abrangem o mesmo espaço físico, pois o tratamento dos dados e das informações ocorre, geralmente, nos sistemas computacionais.

Na pesquisa científica, a seleção da técnica está estritamente relacionada ao objeto de estudo a ser investigado. Neste ponto da obra, interessa-nos demonstrar as características e as funções de algumas técnicas utilizadas em especialidades da geografia.

2.4.1 Geomorfologia

Lembre-se de que o relevo é o principal objeto de estudo da geomorfologia. Essa ciência dedica-se a estudar a gênese, a composição, o processo e as formas de relevo por meio da morfogênese, da morfodinâmica, da morfocronologia e da morfologia.

A morfogênese contempla a origem e o desenvolvimento das formas de relevo; a morfodinâmica tem relação com a aos processos endógenos e exógenos que atuaram (e atuam) nessas formas de relevo; a morfocronologia refere-se à idade das formas de relevo e aos processos atuantes nelas; a morfologia engloba a morfografia (que se dedica à descrição qualitativa das formas de relevo) e a morfometria (que caracteriza o relevo por meio de dados quantitativos).

A cartografia geomorfológica deve mapear o relevo observado por intermédio da análise geomorfológica. O mapa geomorfológico configura-se como um importante instrumento na pesquisa do relevo. Em primeiro plano, os mapas devem representar os diferentes tamanhos das formas de relevo, em conformidade com a escala; nos planos secundários, segundo Ross e Fierz (2009), devem representar a morfogênese, a morfocronologia e a morfometria.

Com relação à morfometria, a análise das formas de relevo exige a compreensão dos diferentes modelados (acumulação, aplainação, dissecação e dissolução). Para determinar as dissecações, mede-se a rede de drenagem e o aprofundamento das incisões, a fim de obter uma classificação dos modelados. Com o uso dos modelos digitais de elevação (MDE), pode-se elaborar perfis topográficos da área de estudo, para determinar o aprofundamento e a extensão dos interflúvios. Dessa forma, a identificação dos modelados de dissecação depende da densidade de drenagem e do aprofundamento das incisões, de acordo com a Tabela 2.1 (IBGE, 2009).

Tabela 2.1 – Índice de dissecação do relevo

Aprofundamento das incisões (2º dígito)	Densidade de drenagem (1º dígito)				
	Muito grosseira	Grosseira	Média	Fina	Muito fina
Muito fraco	11	21	31	41	51
Fraco	12	22	32	42	52
Médio	13	23	33	43	53
Forte	14	24	34	44	54
Muito forte	15	25	35	45	55

Fonte: IBGE, 2009.

Outra possibilidade de medir a dissecação do relevo está associada à fórmula para determinar a densidade de drenagem. Obtém-se a densidade de drenagem (Dd) por meio da relação entre o comprimento total dos canais de drenagem (Ct) e a área (A) – (normalmente a área da bacia hidrográfica), de acordo com a equação a seguir:

$$Dd = Ct/A$$

A fórmula da densidade de drenagem pode ser utilizada em diferentes escalas e bases cartográficas (cartas topográficas), imagens (radar e satélites) e fotografias aéreas. Todavia, em casos de relevo com alto grau de dissecação ou medições em escalas pequenas (1: 100.000 ou 1: 250.000), aconselha-se adaptar a fórmula para razão de textura (T = NT/P), em que T refere-se à razão de textura, NT corresponde ao número de canais e P é o perímetro da bacia hidrográfica) para a fórmula descrita nesta equação:

$$T = NC/P$$

Nesse caso, T também faz referência à razão de textura, e o P, ao perímetro da bacia hidrográfica, já o NC corresponde ao número total de crênulas, caracterizadas como as áreas amostrais estabelecidas dentro dos polígonos de formas homogêneas, separadas na interpretação das imagens (Ross; Fierz, 2009).

Outras possibilidades do estudo do relevo em campo ou em laboratório são os ensaios e experimentos. Em geomorfologia, utilizam-se vários experimentos que medem a erosão do solo provocada pela ação da chuva. Nesses casos, o pesquisador deve estar atento à escolha do sítio para a experimentação. No local, devem ser selecionadas variáveis fixas (mesma declividade da vertente e tipo de solo, por exemplo) para se testar outra variável; nesse caso, a erosão do solo.

Um dos experimentos que servem para medir a erosão do solo utiliza a calha de Gerlach, de acordo com a Figura 2.3. A calha e o tambor coletam, a cada chuva, o volume d'água e de sedimentos armazenado. Atrelada à calha, instala-se um pluviômetro para registrar o volume de chuva, a fim de relacioná-lo ao episódio que transportou aquela quantidade de água e de sedimentos. Aconselha-se realizar o experimento em estações chuvosas e secas para compreender a dinâmica erosiva. Outro experimento semelhante ao uso das calhas refere-se aos pinos de erosão, em conformidade com a Figura 2.4. Os pinos graduados de um em um centímetro são introduzidos no solo até uma medida padrão. Durante determinado tempo, monitora-se o quanto a erosão interferiu na sedimentação (deposição ou rebaixamento da superfície do solo).

Figura 2.3 – Calha de Gerlach

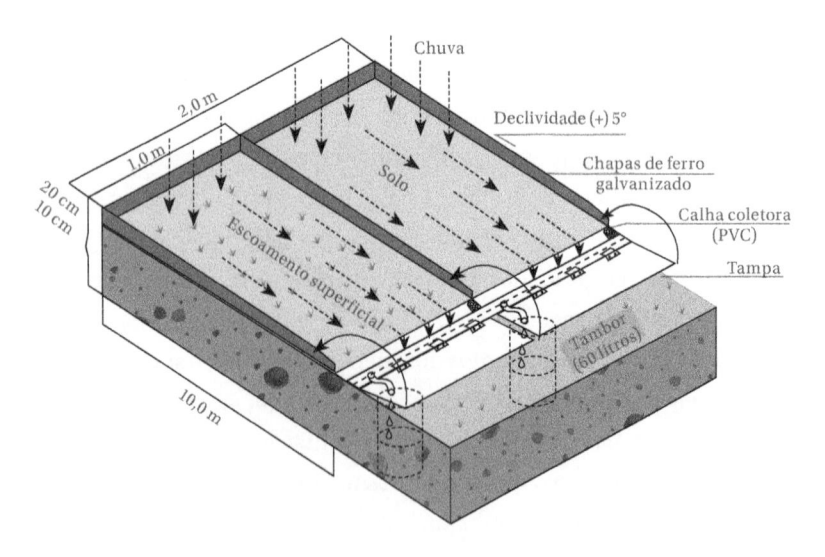

Fonte: Guerra, 1996, citado por Ross; Fierz, 2009, p. 78.

Figura 2.4 – Pinos de erosão (perfil)

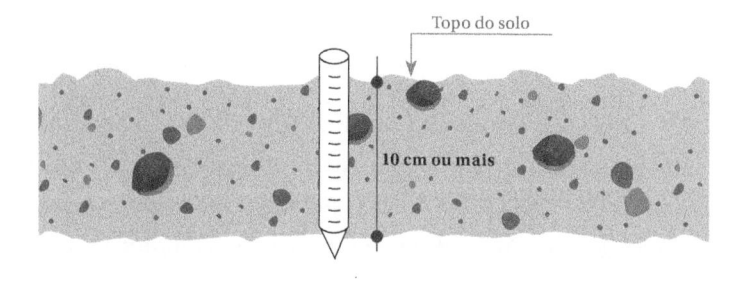

Fonte: Guerra, 1996, citado por Ross; Fierz, 2009, p. 78.

2.4.2 Pedologia

Todos os dias, pisamos no solo. Mas, afinal, o que é solo? Conforme registrado no *Soil Taxonomy* (1975) e no *Soil Survey Manual* (1984), o solo é a coletividade de indivíduos naturais na superfície da Terra e é modificado ou construído pelos seres humanos, contendo matéria orgânica e servindo à sustentação de plantas ao ar livre. Enfim, reconhece-se como solo o material resultante dos efeitos das interações entre o clima, os organismos, a rocha-mãe, o relevo e o tempo.

Curi et al. (1993, p. 74) desenvolveram um conceito mais específico de solo:

> o material mineral e/ou orgânico inconsolidado na superfície terrestre, que foi influenciado por fatores genéticos e ambientais do material de origem, clima (incluindo a temperatura e umidade), macro e micro-organismos, e topografia, todos atuando durante um período de tempo e produzindo um produto-solo,

o qual difere do material do qual ele é derivado em muitas propriedades e características físicas, químicas, mineralógica, biológica e morfológica.

O solo forma-se a partir do intemperismo da rocha-mãe, a qual se transforma em saprólito, onde se desenvolve a vida de plantas e de pequenos animais. Além disso, restos de folhas decompõem-se, dando origem ao húmus. Concomitantemente, na rocha, os minerais pouco resistentes formam as argilas. Paralelamente a esse processo, a infiltração da água da chuva transfere os materiais do solo dos horizontes mais superficiais para os mais profundos no perfil (Lepsch, 2010).

A ação dos processos físicos, químicos e biológicos não acontece de maneira uniforme ao longo do tempo na rocha em transformação. De acordo com Lepsch (2010), as transformações e remoções ocorrem com maior intensidade na parte superior, ao passo que, nas outras camadas, a ação da água e da gravidade as deixa mais ou menos enriquecidas de compostos minerais ou orgânicos, tornando-as diferentes na aparência. Assim, aos poucos, formam-se camadas paralelas à superfície e de aspecto e constituição diferentes, denominadas de horizontes. Esses horizontes, sobrepostos em uma sequência visível, formam o perfil de um solo. Em um solo completo e bem-desenvolvido, o perfil tem cinco horizontes principais (O, A, E, B e C), conforme a Figura 2.5.

Figura 2.5 – Esquema de um perfil de solo com os principais horizontes e sub-horizontes

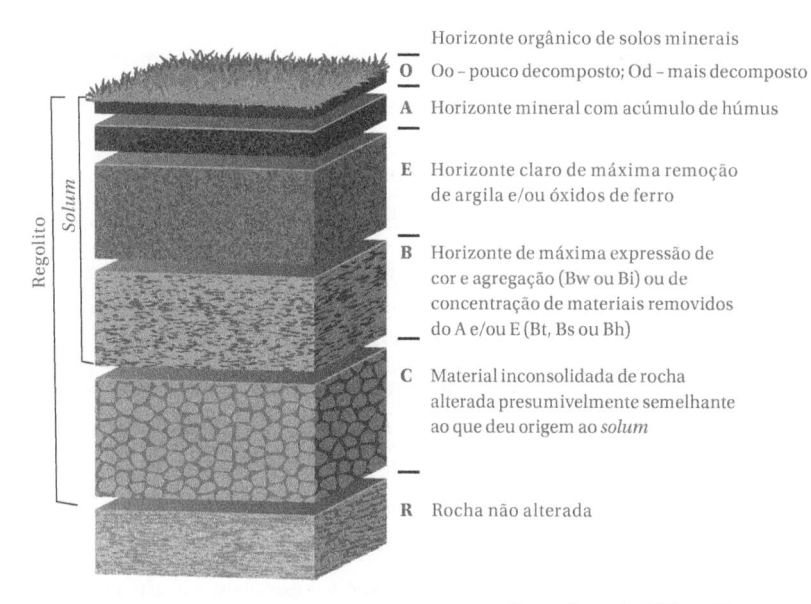

Horizonte orgânico de solos minerais
O   Oo – pouco decomposto; Od – mais decomposto

A   Horizonte mineral com acúmulo de húmus

E   Horizonte claro de máxima remoção de argila e/ou óxidos de ferro

B   Horizonte de máxima expressão de cor e agregação (Bw ou Bi) ou de concentração de materiais removidos do A e/ou E (Bt, Bs ou Bh)

C   Material inconsolidada de rocha alterada presumivelmente semelhante ao que deu origem ao *solum*

R   Rocha não alterada

Fonte: Lepsch, 2010, p. 31.

As características morfológicas (cor, textura, estrutura, consistência, entre outros) dos horizontes do solo, oferecem subsídios para entender os fatores e o processo de formação e a relação do solo com a dinâmica evolutiva da paisagem. Em decorrência disso, a descrição morfológica dos solos e seu registro devem ser feitos em seu meio natural. Esse tipo de trabalho de campo resulta em etapa preliminar para as demais pesquisas em solo (Manfredini et al., 2009), pois a descrição completa do solo inclui a delimitação e a identificação dos horizontes, o registro das características morfológicas de cada horizonte e a coleta das amostras (IBGE, 2007).

Para planejar o trabalho de campo destinado à descrição morfológica do solo, é recomendável seguir as etapas de: escolha dos pontos de observação do solo na paisagem; técnica de observação; tradagem ou trincheira ou barranco; descrição das características morfológicas do solo.

A escolha dos pontos de observação do solo na paisagem não deve ser realizada de maneira aleatória. Em gabinete, deve-se planejar os pontos com o auxílio da base cartográfica e com os dados e informações disponíveis para a área de estudo. Em campo, outras características da área auxiliam nessa seleção tais como: a cobertura vegetal, o relevo, a hidrografia, entre outros. Dessa forma, entende-se que o planejamento dos pontos de observação pode sofrer modificações durante o trabalho de campo, em virtude da escala e da área de estudo.

Outra questão a ser levada em consideração quanto à escolha dos pontos refere-se à propriedade anisotrópica vertical (presença de horizontes) e lateral (passagem lateral de um tipo de solo para outro) do solo (Curi et al., 1993). Considerando os processos pedogenéticos que envolvem transferência de matéria e energia, de forma vertical e horizontal, os pontos de observação devem contemplar o interflúvio ao fundo do vale da vertente ou, ainda, o interflúvio de duas vertentes (Manfredini et al., 2009).

Em campo, a observação do solo exige o uso de instrumentos específicos para a análise e a coleta, entre os quais os principais são o trado holandês, a enxada, a pá reta, a faca, a fita métrica, sacos plásticos, fita crepe, caneta à prova d'água e o pedocomparador (caixa de madeira composta por caixinhas de papel, utilizadas para organizar e identificar as amostras de solo, obtidas em campo, de acordo com a sucessão vertical dos horizontes do solo e a distribuição espacial dos solos na paisagem).

Nos trabalhos de campo, o trado holandês serve para coletar solo em profundidade. Geralmente, a coleta ocorre de 10 em 10 cm, para que o pesquisador possa observar as mudanças de cor e textura durante a tradagem. A estrutura e a porosidade, nessa técnica, não podem ser observadas, pois essas propriedades são destruídas com o giro do trado.

A coleta de solo feita nas trincheiras contribui para a observação da organização do perfil de solo. Conforme Manfredini et al. (2009), as trincheiras devem ser abertas com o uso de enxadas e pás, com largura de, no mínimo, 1 m² e, se possível, atingir a rocha-mãe. Para facilitar o trabalho, há a possibilidade de utilizar barrancos de estrada, pois o perfil de solo encontra-se exposto na paisagem. Entretanto, os barrancos precisam ser limpos com enxada, de cima para baixo, a fim de evitar alterações nos horizontes suprajacentes.

Nas trincheiras e nos barrancos de estrada, a descrição morfológica do solo contempla a identificação da transição, limites entre os horizontes de solo, conforme pode-se observar na Figura 2.6. De acordo com Manfredini et al. (2009), estabelecer os limites entre os horizontes do solo auxilia a entender os processos pedológicos passados e presentes, uma vez que a extensão de um horizonte pode variar de metros a quilômetros, sendo possível esse horizonte desaparecer ou dar origem a outro horizonte. Para descrever a transição entre os horizontes (faixa de separação entre os horizontes), utiliza-se a nitidez ou a topografia.

Ao se utilizar a nitidez, a transição é classificada em:

» **abrupta**: a faixa de separação entre os horizontes é menor que 2,5 cm;
» **clara**: quando a faixa de transição entre os horizontes varia entre 2,5 e 7,5 cm;
» **gradual**: quando a faixa de transição entre os horizontes varia entre 7,5 e 12,5 cm;
» **difusa**: quando a faixa de transição entre os horizontes é maior que 12,5 cm.

Quando se utiliza a topografia, a transição é classificada em:

» **plana**: quando a faixa de transição entre os horizontes está paralela à superfície;
» **ondulada**: quando a faixa de transição entre os horizontes apresenta-se sinuosa, tendo desníveis mais largos do que profundos em relação ao plano horizontal;
» **irregular**: quando a faixa de transição entre os horizontes tem desníveis mais profundos do que largos em relação ao plano horizontal;
» **quebrada ou descontínua**: quando a separação entre os horizontes não é contínua, ou seja, partes de um horizonte estão desconectadas de outras partes desse mesmo horizonte.

Figura 2.6 – Tipos de transição nos horizontes do solo

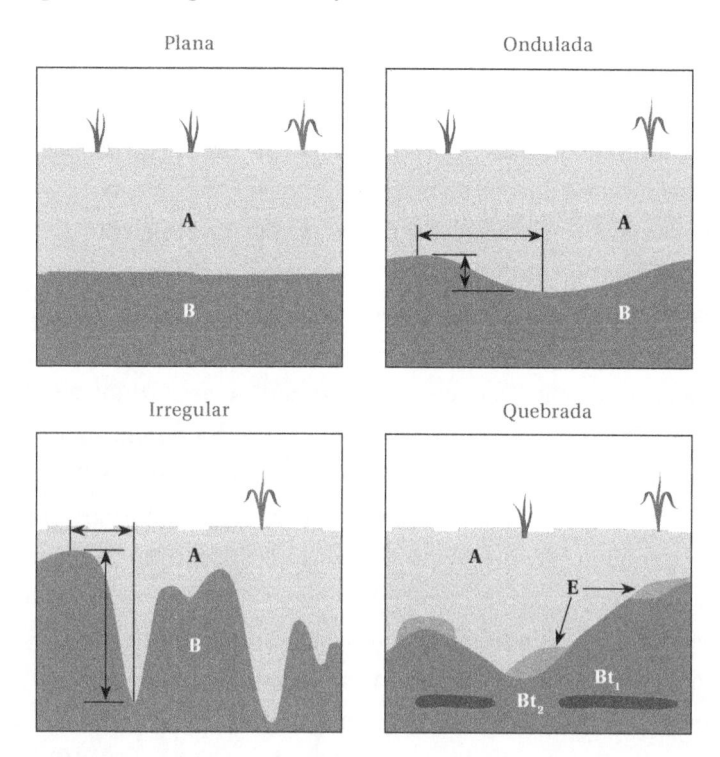

Plana

Ondulada

Irregular

Quebrada

Fonte: IBGE, 2007, p. 40.

Após a escolha da técnica (tradagem, trincheira ou barranco) e a definição da transição (no caso da trincheira e do barranco de estrada), a descrição morfológica do solo deve iniciar-se pela macro-organização, ou seja, deve-se definir os horizontes do perfil de solo por meio das cores. Dessa forma, o horizonte O refere-se ao horizonte orgânico, constituído de folhas e galhos em decomposição, e apresenta cores que vão do preto e do castanho-escuro ao cinza-escuro. Popularmente, o horizonte O é conhecido como serrapilheira. No horizonte A, predomina a conjunção de mineral com acúmulo de húmus; quando contém quantidade significativa de húmus, apresenta um horizonte escurecido. O horizonte E apresenta cor mais clara, em razão da eluviação das argilas e/ou dos óxidos de ferro e de húmus para o horizonte B. O horizonte B situa-se abaixo do A ou do E; por isso, apresenta o máximo de desenvolvimento de cor, estrutura e/ou acúmulo de materiais transportados do A ou do E. Abaixo desse horizonte, encontra-se o horizonte C, que corresponde ao saprólito (Lepsch, 2010).

A tabela de Munsell (2000) refere-se a um sistema universal para definir a cor do solo, partindo das cores primárias do espectro e da mistura entre elas, que representam as cores secundárias. As notações de matiz são representadas pelos símbolos 10R, 2,5YR, 5YR, 7,5YR, 10YR, 2,5Y e 5Y. Por exemplo, o R e o Y significam 100% da cor vermelha e amarela, respectivamente. Já a matiz 5YR demonstra uma mistura contendo uma parte de amarelo para uma de vermelho. As notações de valores indicam os tons de cinza e variam de 0 (preto absoluto) a 10 (branco absoluto). As notações de croma indicam o grau de saturação pela cor espectral, ou seja, correspondem à proporção da mistura da cor fundamental com a tonalidade de cinza e variam de 0 a 8; o croma zero corresponde a cores absolutamente acromáticas (branco, cinza e preto) – (IBGE, 2007; Lepsch, 2010).

A análise da cor do solo em campo deve ser feita com base no seguinte procedimento: a amostra de solo naturalmente estruturada necessita ser aspergida com água e deixada em repouso por alguns minutos (até que a água seja absorvida e distribuída homogeneamente); em seguida, descreve-se a cor do solo, com o auxílio da tabela de Munsell (em formato físico ou digital, caso do Soil Color Chart), com base no seguinte padrão: nome da cor em português, notação de matiz, valor e croma, seguido da condição de umidade no momento da coleta. Exemplo: bruno-escuro 10YR 3/3, úmido (IBGE, 2007).

A textura refere-se à proporção relativa dos constituintes minerais do solo: areia, silte e argila. A areia abrange o diâmetro médio de 2 a 0,05 mm, existindo a possibilidade de a fração ser subdividida em areia grossa (2 a 0,2 mm) e areia fina (0,2 a 0,05 mm).

O silte compreende a faixa de 0,05 a 0,002 mm de diâmetro médio, já a argila tem o diâmetro médio menor que 0,002 mm. Segundo Lepsch (2010), em cada horizonte, há, geralmente, uma composição dos constituintes minerais do solo, que resulta em uma classe textural, conforme a Figura 2.7.

Figura 2.7 – Triângulo textural

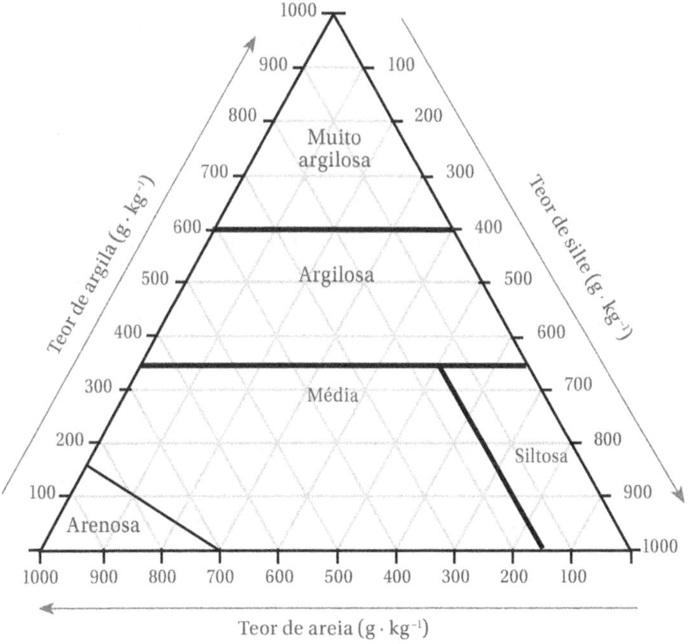

Fonte: IBGE, 2007, p. 51.

A determinação da textura em campo deve ser feita com uma amostra de solo saturada com água e trabalhada entre os dedos, de forma a destruir os agregados. Esfrega-se essa mistura entre o polegar e o indicador para determinar a relação argila/areia:

- **textura arenosa**: material grosseiro e solto; pouco material fino aderido na pele;
- **textura média**: equilíbrio entre a proporção de argila/areia; grãos de areia envoltos na massa de argila;
- **textura argilosa**: material fino, pastoso;
- **textura muito argilosa**: material pastoso; areia imperceptível.

Identifica-se a presença de silte na amostra de solo por meio da textura sedosa, muito similar ao talco. Caso haja necessidade, as amostras de solo podem ser analisadas em laboratório, pelo método da pipeta ou do densímetro, com o objetivo de determinar as porcentagens de cada constituinte do solo (areia, silte e argila).

O **método da pipeta** baseia-se na queda das partículas que compõem o solo. Fixa-se um tempo para o deslocamento vertical na suspensão do solo com água, após a adição de um dispersante químico; pipeta-se o volume da suspensão, para determinar a argila, a qual será seca em estufa e, depois, pesada. A fração areia é separada por tamisação, seca em estufa e pesada para determinação da porcentagem. Obtém-se o silte pela diferença entre as frações argila e areia da amostra original.

Já o **método do densímetro** tem como base a sedimentação das partículas do solo. Após a adição de um dispersante químico, fixa-se um tempo para determinar a densidade da suspensão, correspondente à concentração total de argila. Na fração areia, realiza-se a tamisação e a pesagem. Obtém-se o silte por meio da diferença entre as frações argila e areia da amostra original (Embrapa, 1997).

A estrutura morfológica do solo constitui o arranjamento de suas partículas, resultantes dos mecanismos de floculação, cimentação ou fissuração, que podem formar os agregados ou não. Caso não haja a formação de agregados, entende-se que a estrutura pode ser contínua e fragmentária, no caso em que se formam os agregados.

Na estrutura contínua, as partículas soltas e sem cimentação compreendem os grãos simples, tipo o pó de café, ao passo que partículas com cimentação correspondem à estrutura maciça (Manfredini et al., 2009).

Para a estrutura fragmentária, os agregados podem ser classificados, quanto à forma em:

» **ausência de agregação das partículas**: presença de partículas individualizadas, sem coesão entre si. Nesse caso, a estrutura deve ser registrada como grãos simples;
» **ausência de agregação das partículas**: coesão entre as partículas, formando uma massa contínua e uniforme. A estrutura deve ser registrada como maciça;
» **presença de agregação entre as partículas**: as partículas arranjam-se em formatos específicos: laminar, arranjadas em torno de uma linha horizontal; prismática, partículas em forma de prisma; blocos angulares, partículas arranjadas em faces planas, formando arestas e ângulos aguçados; blocos subangulares, partículas arranjadas em faces planas e arredondadas; granular, partículas arranjadas em torno de um ponto, formando agregados arredondados; cuneiformes, partículas arranjadas em estrutura com superfícies curvas, interligadas com ângulos agudos; paralelepipédica, estruturas formadas por superfícies planas, interligadas por ângulos agudos, tipo paralelepípedos.

Quanto ao tamanho, os agregados são classificados em: muito pequenos, pequenos, médios, grandes e muito grandes. Por fim, os agregados classificados quanto ao grau de desenvolvimento expressam a relação entre a forma de macroagregados e a dos agregados menores (Manfredini et al., 2009). Os graus de estrutura baseiam-se nas condições de coesão dentro e fora dos agregados. Em campo, são analisados com base nos seguintes critérios:

» **sem agregação**: agregados não discerníveis;
» **fraco**: agregados pouco nítidos;
» **moderado**: nitidez intermediária com percentual equivalente de agregados e não agregados;
» **forte**: agregação nítida, com separação fácil dos agregados.

É importante ressaltar que, para descrever os graus de estrutura do solo, a condição mais adequada do material refere-se ao solo ligeiramente mais seco do que úmido. Caso o grau de umidade divirja dessa condição ideal, deve-se evitar a descrição e registrar o motivo em observações (IBGE, 2007).

A consistência representa a **resistência da estrutura do solo** à deformação. A água, em virtude de sua afinidade com as partículas do solo, "afrouxa" as ligações químicas. Por isso, no campo, a consistência deve ser realizada em três estágios de umidade: consistência a seco, consistência úmida e consistência molhada. A consistência do solo seco refere-se à dureza. Para avaliá-la, escolhe-se um torrão de solo e comprime-o entre o polegar e o indicador, sendo que a amostra, segundo Lepsch (2011, p. 198) caracteriza-se como:

a. solta: não coerente entre o polegar e o indicador;
b. macia: fracamente coerente e frágil, quebrando-se em grãos individualizados sob pressão leve;
c. ligeiramente dura: fracamente resistente à pressão, sendo facilmente quebrável;

d. dura: moderadamente resistente à pressão; pode ser quebrado nas mãos, mas dificilmente quebrável entre o polegar e o indicador;
e. muito dura: muito resistente à pressão; quebrado nas mãos (com dificuldade) e não quebrável entre o polegar e o indicador;
f. extremamente dura: extremamente resistente à pressão; não pode ser quebrado com as mãos.

A consistência do solo úmido representa a **friabilidade**; para avaliá-la, deve-se selecionar um torrão e tentar esboroá-lo entre o polegar e o indicador, considerando a seguinte classificação:

a. solta: não coerente;
b. muito friável: o material esboroa-se com pressão leve, mas agrega-se por compressão posterior;
c. friável: o material do solo esboroa-se facilmente sob pressão leve e moderada e agrega-se por compressão posterior;
d. firme: o material do solo esboroa-se facilmente sob pressão moderada, mas apresenta resistência perceptível;
e. muito firme: o material do solo esboroa-se facilmente sob forte pressão;
f. extremamente firme: o material do solo esboroa-se facilmente sob pressão muito forte. (Lepsch, 2011, p. 198-199)

No caso da consistência do solo, quando molhado, avalia-se a plasticidade e a pegajosidade.

Para avaliar a **plasticidade**, a amostra é pulverizada e homogeneizada com água, ligeiramente acima da capacidade de campo ou na capacidade (teor máximo de água retida no solo, após saturação); e seguida, deve-se amassar o material entre o indicador e o polegar e modelar um cilindro fino de solo com cerca de 4 cm de comprimento. O grau de resistência à deformação, conforme Lepsch (2011, p. 199), é expresso da seguinte maneira:

a. não plástica: nenhum cilindro se forma;
b. ligeiramente plástica: forma-se um cilindro de 6 mm de diâmetro e não forma um cilindro de 4 mm;
c. plástica: forma-se um cilindro de 4 mm de diâmetro e não forma um cilindro de 2 mm.
d. muito plástica: forma-se um cilindro de 2 mm de diâmetro, que suporta o próprio peso.

Para avaliar a **pegajosidade**, em campo, deve-se molhar e homogeneizar a massa do solo, para que seja comprimida entre o polegar e o indicador, com o objetivo de determinar a aderência. Os graus de pegajosidade, de acordo com Lepsch (2011, p. 199), atendem às seguintes especificações:

a. não pegajosa: após cessar a pressão na amostra, não se verifica aderência da massa de solo no polegar e/ou no indicador;
b. ligeiramente pegajosa: após cessar a pressão na amostra, o material adere aos dedos, mas desprende-se de um deles perfeitamente;

c. pegajosa: após cessar a pressão na amostra, o material adere a ambos os dedos e tende a alongar-se e a romper-se, quando os dedos são afastados;

d. muito pegajosa: após cessar a pressão na amostra, o material adere fortemente a ambos os dedos e alonga-se, quando os dedos são afastados.

2.4.3 Biogeografia

Os biogeógrafos têm como objetivo compreender os diferentes padrões de distribuição geográfica dos seres vivos. Em decorrência disso, uma parte de seu trabalho consiste em analisar as ocorrências obtidas em campo para elaborar mapas de distribuição e de grau de fragmentação, forma e heterogeneidade espacial dos remanescentes presentes nos ecossistemas.

A distribuição de uma espécie pode ser efetuada com a **técnica de nuvens de pontos**. Cada ponto refere-se a uma coordenada geográfica obtida em campo, a qual representa uma localidade em que a espécie foi encontrada. Com base nessa nuvem de pontos, estabelecem-se as fronteiras das áreas de ocorrência de cada espécie. Além da técnica mencionada, existem os métodos cartográficos e areográficos, utilizados com o mesmo objetivo. No **método cartográfico**, a ocorrência da espécie está associada a uma quadrícula UTM da carta topográfica; já no método areográfico, a ocorrência da espécie é determinada pelas coordenadas geográficas obtidas pelo GPS (Global Positioning System).

Os mapas representam a vegetação, sendo que os mapas exploratórios destacam o domínio da vegetação e os mapas de semidetalhe demonstram os tipos de vegetação. Desse modo, a escala do mapa de vegetação depende do grau de interpretação e de análise de que o pesquisador necessita em sua pesquisa. Independentemente do tipo de mapa, a vegetação é definida conforme um sistema de classificação. No Brasil, comumente utiliza-se o sistema de classificação proposto pelo Instituto Brasileiro de Geografia e Estatística (IBGE), o qual adota critérios fisionômicos e ecológicos.

Outro objeto de estudo da biogeografia é a ocupação de uma espécie em determinada área, pois esta sofre influências das variações abióticas e demográficas dos habitantes. Santos (2004, p. 90) enfatiza que "a vegetação constitui um elemento natural muito sensível às condições da paisagem, reagindo distinta e rapidamente às variações". Dessa forma, a área de ocorrência da espécie torna-se dinâmica em razão das mudanças no ambiente, como a temperatura associado ao ciclo diurno ou sazonal e à umidade relativa do ar, assim como o tamanho da população, o equilíbrio entre as taxas de natalidade e mortalidade, bem como e a relação entre imigração e emigração (Furlan, 2009).

Nesse contexto, os mapas em séries temporais são úteis para a análise de área de ocorrência da espécie em diferentes escalas de tempo. Além disso, é possível analisar a evolução da vegetação ou deduzir, por meio das séries, as comunidades pioneiras e as substitutas (Santos, 2004). Por conseguinte, a área de ocorrência pode mudar com o tempo, sendo possível "ampliar-se ou reduzir-se, desprender-se, fragmentar-se ou sofrer modificações antes de desaparecer, com a extinção da espécie ocupante" (Furlan,

2009, p. 104). Essas mudanças permitem estabelecer as condições naturais e as influências antrópicas das espécies presentes em determinado território.

Nota-se que as pesquisas biogeográficas devem ser eficientes para analisar os seres vivos no ambiente, a fim de compreender sua distribuição geográfica no tempo e no espaço. Dessa forma, as técnicas contemplam a identificação das unidades territoriais dos seres vivos para que sejam geradas informações com significado geográfico. Nesse sentido, destacam-se os trabalhos de campo, que, além de serem utilizados para a verificação dos mapas de vegetação, asseguram a coleta de dados *in situ*. Os levantamentos de campo são feitos por intermédio da observação, do registro e da experimentação, a fim de descrever a composição florística, a distribuição das espécies e as relações dos seres no ambiente.

O hábito da observação precisa ser treinado, para que haja o registro, a interpretação e, consequentemente, a compreensão do ambiente (Furlan, 2009). Por isso, a observação da área de estudo deve ser centrada inicialmente num conjunto de características como vegetação e topografia. Com base nessa observação, pode-se ilustrar a relação entre a vegetação e a topografia. Em campo, pode-se elaborar um esboço em forma de desenho na caderneta de campo; em gabinete, as observações obtidas sobre a vegetação, atreladas ao uso de base cartográfica (carta topográfica, imagens de satélites etc.), possibilitam a elaboração de um perfil para demonstrar as classes de estratificação.

As observações em campo podem ser complementadas com a **caracterização fitossociológica**, que permite diferenciar as unidades espaciais da paisagem vegetal, de acordo com o exemplo da Figura 2.8. Em campo, amostras de indivíduos fornecem dados quantitativos por meio de diferentes métodos de coleta. Além disso, utiliza-se o método da parcela fixa para determinar a densidade e a frequência de espécies em uma formação vegetal. Nesse método, o pesquisador utiliza uma área mínima amostral, delimitada com barbante ou estaca, em forma de quadrado. Depois, classifica e anota o número de vezes em que a mesma planta ocorreu na parcela fixa (área amostral em forma de quadrado). Com os dados coletados em campo, obtêm-se os parâmetros fitossociológicos de cada espécie:

» **densidade**: corresponde ao número de espécimes iguais, identificadas em campo/área do ponto amostral (área do quadrado);
» **densidade relativa**: refere-se ao número de espécimes iguais, identificadas em campo/número total de espécies.
» **frequência**: relativa ao número de parcelas (quadrados) em que a espécie foi encontrada/número total de parcelas (quadrados) examinadas.
» **frequência relativa**: refere-se ao número de parcelas (quadrados) em que a espécie foi encontrada/número de parcelas (quadrados) em que a espécie foi encontrada, subtraída do número total de parcelas (quadrados) examinadas.

Figura 2.8 – Representação de uma caracterização fitossociológica

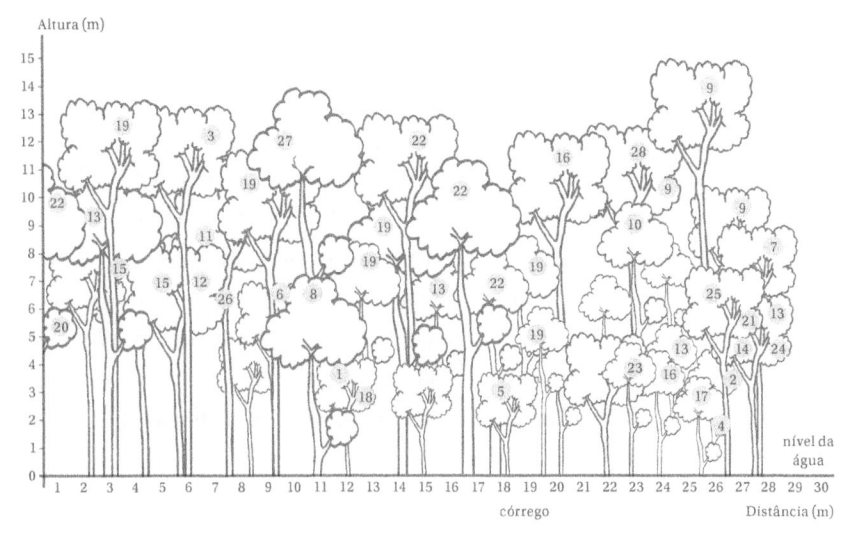

1. *Allophyllus edulis*
2. *Arecastrum romanzoffianum*
3. *Cabralea canjerana*
4. *Campomanesia guaviroba*
5. *Casearia decandra*
6. *Casearia obligua*
7. *Cecropia pachystachia*
8. *Citronella megaphylla*
9. *Croton floribundus*
10. *Croton urucurana*
11. *Dendropanax cuneatum*
12. *Gochnatia polymorpha*
13. *Guarea macrophylla*
14. *Hybanthus atropurpureus*
15. *Inga marginata*
16. *Luehea divaricata*
17. *Matayba guianensis*
18. *Myrcia multiflora*
19. *Piptadenia gonoacantha*
20. *Psidium guajava*
21. *Psychotria carthaginensis*
22. *Rapanea umbellata*
23. *Rhamnidium elaeocarpum*
24. *Sebastiania serrata*
25. *Trichilia clausseni*
26. *Trichilia elegans*
27. *Zanthoxylum rhoifolium*
28. *Zanthoxylum bieloperone*

Fonte: Santos; Mantovani, 1999, p. 101.

O método dos quadrantes também determina a densidade e a frequência, assim como a dominância e o valor de importância (IVI). Nesse método, utiliza-se uma cruz de madeira móvel que permite formar os 4 quadrantes para estabelecer parcelas de amostragem da área de estudo, as quais devem estar dispostas em uma distância previamente determinada. Furlan (2009) sugere 10 metros entre as parcelas de amostragem situadas em um transecto. Em cada quadrante do ponto amostral, o indivíduo mais próximo do ponto central é identificado e, em seguida, registra-se o perímetro desse indivíduo, assim como a distância dele em relação ao ponto central do quadrante, incluindo o raio do indivíduo (Durigan, 2003).

De posse dos dados coletados em campo, calcula-se a frequência relativa e a densidade relativa (parâmetros demonstrados no método da parcela fixa), bem como a área basal. Com base no perímetro da espécie, o cálculo da área basal utiliza o perímetro (P) para descobrir o valor do raio (r), conforme equação a seguir:

$$r = P/2\pi$$

Após adquirir o valor do raio (r), calcula-se a área (A), de acordo com esta equação:

$$A = \pi \cdot r^2/2$$

Obtida a soma total das áreas basais da espécie (ABi), determina-se a dominância relativa (DoR), em conformidade com a equação a seguir:

$$DoR = (ABi/(ABi - total)) \cdot 100$$

Calcula-se, o índice do valor de importância (IVI) por último, pois este se refere à soma dos seguintes parâmetros: frequência relativa, densidade relativa e dominância relativa.

2.4.4 Climatologia

A climatologia estuda a espacialização dos elementos e dos fenômenos atmosféricos e sua evolução. Relaciona-se com a geografia ao considerar que os padrões de comportamento da atmosfera e as atividades humanas interferem na condição média da atmosfera em determinado lugar (Mendonça; Danni-Oliveira, 2007).

O principal objeto de estudo da climatologia é o clima, cujo conceito clássico formulado por Ayoade (1986, p. 2), que o define como: "a síntese do tempo num determinado lugar durante um período de 30-35 anos". Dessa forma, a definição do clima de um lugar baseia-se nas médias estatísticas dos elementos atmosféricos, as quais foram geradas com base nas séries de dados de um período de 30 anos.

Assim sendo, os elementos climáticos, como temperatura, pressão e umidade, ao interagirem, formam os climas da Terra. A atuação dos fatores geográficos (latitude, altitude, maritimidade, continentalidade, vegetação e ação humana) provoca uma variação espacial e temporal dos elementos climáticos em escala local e/ou regional. Segundo Mendonça e Danni-Oliveira (2007), a circulação e a dinâmica atmosférica prevalecem sobre os elementos climáticos e sobre os fatores geográficos e garantem ao ar uma permanente movimentação.

Uma proposta para o estudo da atmosfera, com base na análise do tempo atmosférico, foi desenvolvida por Carlos Augusto de Figueiredo Monteiro nas décadas de 1960 e 1970. O autor propõe a análise rítmica, que objetiva definir o ritmo de um lugar ao efetuar observações e análises dos elementos climáticos durante o dia e relacioná-los com a dinâmica dos sistemas de ação da atmosfera em âmbito regional (Danni-Oliveira, 2005; Mendonça; Danni-Oliveira, 2007).

Desse modo, a observação dos elementos climáticos em campo necessita da percepção do pesquisador, o qual emprega sua instrumentação sensorial para registrar os dados e as informações. O pesquisador também precisa estar preparado para descrever, de forma objetiva, os dados captados por instrumentos registradores. Sendo assim, conforme Azevedo (2009), o pesquisador deve ter claro que a representatividade espacial e temporal das observações e mediações variam conforme a precisão adotada e os elementos investigados. É o caso da avaliação sistemática de mais de um elemento em que o número de pontos amostrais pode ser diferente por causa das suas especificidades.

Com a intenção de analisar a sucessão dos tipos de tempo, mediante a observação sistemática e a evolução temporal dos elementos climáticos, sugere-se que seja feita uma tabela, conforme o exemplo da Tabela 2.2:

Tabela 2.2 – Análise rítmica dos tipos de tempo

Análise rítmica						
Localidade (nome e coordenadas geográficas)						
Elementos climáticos		1º dia	2º dia	3º dia	4º dia	5º dia
Temperatura (°C)	Temperatura máxima (geralmente 14 horas)					
	Temperatura mínima (normalmente antes de o sol nascer)					
	Amplitude térmica					

(continua)

(Tabela 2.2 – conclusão)

Análise rítmica		1º dia	2º dia	3º dia	4º dia	5º dia
Localidade (nome e coordenadas geográficas)						
Elementos climáticos		1º dia	2º dia	3º dia	4º dia	5º dia
Umidade relativa (%)						
Pressão atmosférica (hPa)						
Precipitação	Probabilidade de chuva (%)					
	Pluviosidade (mm)					
Ventos	Direção 9 horas					
	15 horas					
	21 horas					
	Classificação					
	Velocidade					
Nuvens	Tipologia					
	Níveis					
Sistemas atmosféricos	Denominação					

Fonte: Elaborado com base em Mendonça; Danni-Oliveira, 2007.

A medição da temperatura pode ser efetuada com termômetro que apresenta coluna de mercúrio ou coluna a álcool ou, ainda, com termômetro digital. Deve-se medir a temperatura máxima do dia, que normalmente ocorre às 14 horas, uma vez que os fluxos máximos de energia foram processados e tramitam no Sistema Superfície-Atmosfera (SSA). A medição da temperatura mínima deve ser efetuada momentos antes de o sol nascer. De posse dos dados de temperatura, subtrai-se a temperatura máxima da mínima para encontrar a amplitude térmica.

A umidade relativa representa a presença do vapor no ar, caracterizada pela porcentagem do quanto de vapor está no ar em determinada temperatura.

Para se medir a umidade relativa do ar, utiliza-se um **higrômetro digital**. Esse instrumento tem uma membrana higroscópica cuja condutância elétrica varia em função do seu teor de água. De modo geral, o higrômetro digital apresenta manejo fácil; porém, deve-se atentar para algumas situações: ao perder a carga, a bateria pode subestimar os valores de umidade; o acúmulo de pó no transdutor superestima a umidade; a insolação direta gera valores menores de umidade (Azevedo, 2009).

Com o uso do **barógrafo**, mede-se a pressão atmosférica, caracterizada como o peso que o ar exerce sobre a superfície. Esse peso advém da força das moléculas de ar na superfície citada. Geralmente, utiliza-se a unidade milibar (mb) ou a hectopascal (hPa).

A precipitação pluvial, ou pluviosidade, geralmente é averiguada por meio de um **pluviômetro**, o qual mede o total de chuva. Os pluviômetros podem ser confeccionados com uma garrafa PET (polietileno tereftalato), em cujo gargalo se acopla um funil de cozinha, conforme Figura 2.9. Com o auxílio de uma régua, obtém-se a altura da chuva, em milímetros (mm), medindo diretamente a altura da lâmina d'água no interior da garrafa PET. Azevedo (2009) ressalta que o pluviômetro deve estar adequadamente nivelado e em local aberto, sem interferências (vegetação e construções). Pequenas perdas por evaporação ocorrem em decorrência da exposição à radiação solar; porém, considera-se esse erro aceitável. Em casos de dias chuvosos, normalmente os trabalhos de campo são adiados.

Figura 2.9 - Pluviômetro confeccionado com garrafa PET

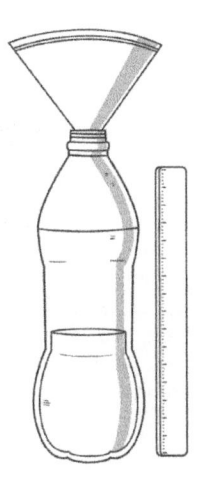

Evandro Marenda

Os ventos assumem as características de temperatura e umidade do local onde se originam e, por isso, recebem o nome da direção do local de onde procedem. Por exemplo: quando o vento sul atua em Curitiba (PR), a temperatura tende a diminuir (Mendonça; Danni-Oliveira, 2007). Para determinar em campo a direção e a velocidade do vento, pode-se aplicar o princípio da decantação. Para isso, fixa-se verticalmente uma haste fina de leitura no solo plano; depois, aplica-se material particulado homogêneo, por exemplo, areia; na base da haste, coloca-se um barbante com escala. Após a precipitação do material particulado homogêneo, estende-se o barbante. Com o auxílio de uma bússola, determina-se a direção do escoamento, a qual corresponderá à direção do vento. Em seguida, estabelece-se a distância do material em relação à haste fixada no solo por meio da escala do barbante. Essa distância refere-se à direção do vento. Azevedo (2009) alerta que a densidade, o tamanho e a forma dos grãos do material particulado homogêneo interferem na velocidade de decantação e, consequentemente, na direção e velocidade do vento. Em virtude disso, pode-se utilizar a escala Beaufort, representada na Figura 2.10, para estimar a velocidade do vento, com base nos impactos causados na paisagem local em que está atuando.

Figura 2.10 – Escala Beaufort

	Força	Designação	Velocidade	Aspecto do mar	Influência da terra
	0	calma	0 - 0,5 m/s 0 - 1 km/h 0 - 1 nós	Espelhado.	A fumaça sobe verticalmente.
	1	aragem (bafejo, vento brando e fresco, viração)	0,6 - 1,7 m/s 2 - 6 km/h 2 - 3 nós	Mar encrespado com pequenas rugas, com a aparência de escamas.	A direção da aragem é indicada pela fumaça, mas a grimpa ainda não reage.
	2	brisa leve	1,8 - 3,3 m/s 7 - 12 km/h 4 - 6 nós	Ligeiras ondulações de 30 cm (1 pé), com cristas, mas sem arrebentação.	Sente-se o vento no rosto, movem-se as folhas das árvores e a grimpa começa a funcionar.
	3	brisa fraca	3,4 - 5,2 m/s 13 - 18 km/h 7 - 10 nós	Grandes ondulações de 60 cm com princípio de arrebentação. Alguns "carneiros".	As folhas das árvores se agitam e as bandeiras se desfraldam.

(continua)

(Figura 2.10 - conclusão)

	Força	Designação	Velocidade	Aspecto do mar	Influência da terra
	4	brisa moderada	5,3 - 7,4 m/s 19 - 26 km/h 11 - 16 nós	Pequenas vagas, mais longas de 1,5 m, com frequentes "carneiros".	Poeira e pequenos papéis soltos são levantados. Movem-se os galhos das árvores.
	5	brisa forte	7,5 - 9,8 m/s 27 - 35 km/h 17 - 21 nós	Vagas moderadas de forma longa e uns 2,4 m. Muitos "carneiros". Possibilidade de alguns borrifos.	Movem-se as pequenas árvores. A água começa a ondular.
	6	vento fresco	9,9 - 12,4 m/s 36 - 44 km/h 22 - 27 nós	Grandes vagas de até 3,6 m. Muitas cristas brancas. Probabilidade de borrifos.	Assobios na fiação aérea. Movem-se os maiores galhos das árvores. Guarda-chuva usado com dificuldade.

Fonte: CPTEC, 2019

As nuvens originam-se dos movimentos ascensionais do ar úmido que, ao alcançar o ponto de saturação e a temperatura do ponto de orvalho, condensa o conteúdo de vapor existente no ar. A intensidade e o alcance vertical desses movimentos ascensionais definem a forma das nuvens. Quando a umidade do ar ascende de forma concentrada e veloz, forma nuvens cumuliformes; quando mais lentos e graduais, originam nuvens estratiformes; e quando extensivos e prolongados, resultam em nuvens cirrus. As nuvens cumulonimbus, nimbostratus e altocumulus podem ser denominadas *nuvens de desenvolvimento vertical* por transitarem entre os três níveis: baixas, médias e altas (Mendonça; Danni-Oliveira, 2007).

Observe a Figura 2.11, que representa as principais tipologias e níveis na atmosfera das nuvens.

Figura 2.11 – Principais tipologias e níveis das nuvens

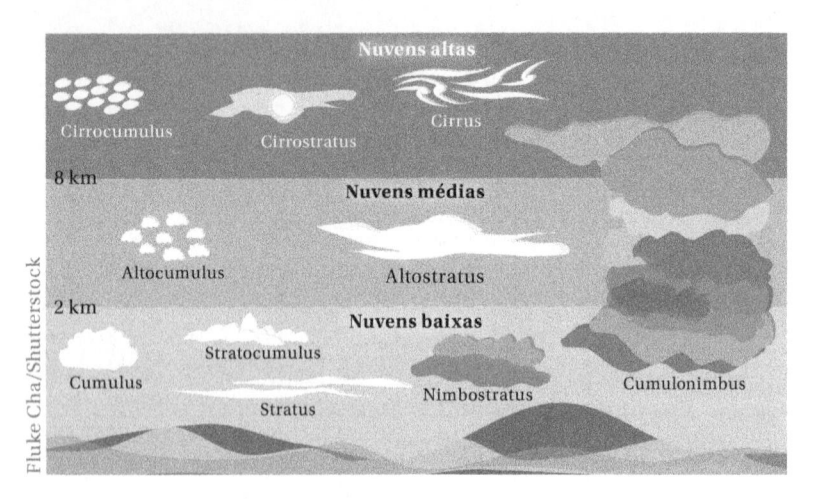

Em campo, a avaliação das nuvens pode ser realizada com o auxílio do International Cloud Atlas (ou Cloud Atlas), que reúne a fotos e descrições dos tipos de nuvens. Em geral, registra-se a nebulosidade visível de baixo para cima, sem considerar a sobreposição entre a cobertura do nível analisada e a cobertura do próximo nível. Já a nebulosidade à fração da abóboda celeste (formato como o céu aparentemente se arqueia sobre a cabeça do observador) baseia-se em sua divisão imaginária em oito gomos, avaliando-se, visualmente, a proporção ocupada pelas nuvens. Registra-se a nebulosidade, considerando oitavos de céu encoberto e a escala em décimos, como nebulosidade de 5/8 ou 0,5 da abóboda celeste encoberta ou, ainda, nebulosidade 1 representa 8/8, ou seja, o total da abóboda encoberta.

Segundo Mendonça e Danni-Oliveira (2007, p. 99), "As massas de ar compreendem uma porção da atmosfera, com extensão significativa, que possui características de temperatura e umidade homogêneas". O encontro de massas de ar distintas, no que se refere à temperatura e à umidade do ar, ocasiona descontinuidades atmosféricas que caracterizam as frentes. Os sistemas atmosféricos correspondem às massas de ar e às frentes associadas a elas (Mendonça; Danni-Oliveira, 2007). Para estudar a atmosfera de uma forma dinâmica, deve-se considerar que esses sistemas caracterizam a movimentação do ar e refletem as influências que o ar de uma região carrega para a outra.

2.4.5 Hidrologia

Normalmente, o conceito de bacia hidrográfica é utilizado pelos pesquisadores da hidrologia, pedologia e geomorfologia, entre outros, que adotam a bacia hidrográfica como área de estudo para a compreensão dos processos nesse sistema aberto, composto de outros subsistemas. Sendo assim, torna-se relevante ter clareza do conceito de bacia hidrográfica, a fim de estabelecer seus limites e os processos envolvidos nos seus subsistemas.

Comumente, entende-se bacia hidrográfica como uma área drenada por um rio principal e seus respectivos afluentes. Entretanto, essa definição não traduz a ideia de sistema. Dessa forma, Rodrigues e Adami (2009, p. 147) propõem o seguinte conceito:

> Bacia hidrográfica corresponde a um sistema que compreende um volume de materiais, predominantemente sólidos e líquidos, próximo à superfície terrestre, delimitado interna e externamente por todos os processos que, a partir do fornecimento de água pela atmosfera, interferem no fluxo de matéria e de energia de um rio ou de uma rede de canais fluviais.

Uma das formas de analisar a bacia hidrográfica baseia-se nos fluxos fluviais, por isso destacam-se as medições de vazão, obtidas pela subárea da seção transversal de um rio, multiplicada pela velocidade média da seção, resultando na vazão em m/s². Para a obtenção de dados de velocidade em campo, usam-se diferentes técnicas, tais como: flutuadores, molinetes e velocímetros acústicos ou a *laser*.

O **molinete** refere-se a um velocímetro em forma de torpedo, que mede pontualmente a corrente de água por unidade de tempo, normalmente expressa em m/s, e tem uma hélice que converte o movimento de translação do fluxo d'água em um movimento de rotação. Após estabelecer o número de voltas realizadas pela hélice em determinado intervalo de tempo, determina-se a velocidade do fluxo com a equação, fornecida pelo próprio fabricante do aparelho (Carvalho, T. M., 2008). Um exemplo de molinete pode ser observado na Figura 2.12.

Figura 2.12 – Exemplo de molinete utilizado para medir vazão

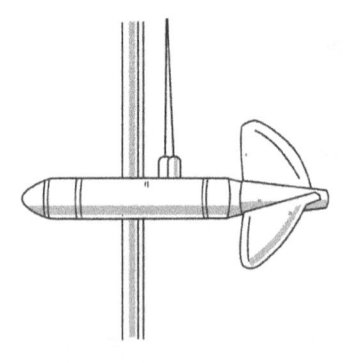

Evandro Marenda

O **flutuador** permite determinar a velocidade do fluxo d'água com base no deslocamento de um objeto flutuante em um trecho de rio de comprimento conhecido e o tempo obtido após o deslocamento do objeto pelo canal (seção a montante e a jusante).

Obtém-se a velocidade superficial pela relação entre o tempo e a distância, conforme a equação a seguir:

$$V = t/d$$

No caso das velocidades obtidas em **velocímetros acústicos ou a *laser*,** tem-se como princípio a integração dos dados ao longo da seção do rio em áreas. Sendo assim, a vazão total corresponde ao somatório da velocidade média na área multiplicada pela área da seção transversal, de acordo com a seguinte equação:

$$Q = \Sigma V \cdot A$$

A relação entre o nível da água do rio em uma seção transversal e a sua vazão corresponde à curva-chave. O nível de água de um rio pode ser obtido por meio dos postos fluviométricos ou com o uso de linígrafos. Com os dados de altura, estima-se a vazão de uma seção de curso d'água por meio da **curva-chave**. É possível, também, fazer a medição de vazões do rio (durante as vazões baixa, média e alta) em seções transversais com o intuito de gerar a curva-chave.

Os vertedouros artificiais referem-se às seções artificiais de canais, construídos como alternativa para as medições de velocidade em situações adversas, tais como: rios de fluxo muito rápido ou seções transversais muito pequenas que impossibilitam o uso de equipamentos comuns (molinetes ou flutuadores). São utilizados também em experimentos laboratoriais, que envolvem a movimentação de sedimentos e as condições de fluxo (Rodrigues; Adami, 2009).

2.4.6 Entrevistas e questionários

Provavelmente você já participou de uma entrevista de emprego e, provavalmente sabe explicar as características desse tipo de conversa. Nas pesquisas científicas, a **entrevista** também está relacionada a uma conversa profissional entre duas pessoas, cujo objetivo é obter informações de uma delas a respeito de determinado tema.

De modo geral, as entrevistas são classificadas em:

» **padronizada ou estruturada**: o entrevistador segue um formulário com perguntas predeterminadas;
» **despadronizada ou não estruturada**: o entrevistador pode formular as perguntas de acordo com o momento, as quais são respondidas por meio de uma conversa informal.

Nesse contexto, o roteiro faz alusão a uma entrevista informal, com palavras-chaves predeterminadas, nas quais o entrevistador se baseia para elaborar as perguntas, de acordo com as circunstâncias da entrevista. Como o roteiro precisa ser elaborado em consonância com a fundamentação teórica e de acordo com os dados e informações necessários à pesquisa, o entrevistador deve ficar atento para que todos os itens sejam abordados, independentemente da ordem e da maneira como foi feita a entrevista.

É muito vantajoso usar entrevistas para a coleta de dados, pois são aplicáveis à população em geral (analfabetos e alfabetizados); permitem que o entrevistador explique as perguntas aos entrevistados; possibilitam a coleta de dados que não estão disponíveis em fontes e documentos; os dados podem ser quantificados e submetidos a tratamentos estatísticos. Todavia, existem algumas limitações durante as entrevistas, entre as quais podemos citar: dificuldade de interação e de comunicação entre o entrevistador e o entrevistado; possibilidade de o entrevistado ser influenciado pelo entrevistador; disposição do entrevistado em responder às perguntas, para que não retenha dados e/ou informações importantes; pequeno grau de controle sobre a coleta de dados; e disponibilidade de tempo hábil para a realização das entrevistas.

Assim, a entrevista deve ser bem planejada, a fim de minimizar essas possíveis limitações. O primeiro ponto a ser considerado é o objetivo que o pesquisador pretende alcançar com essa técnica. Outro ponto refere-se à logística do trabalho de campo. Com o intuito de agilizar esse processo, o pesquisador tem a possibilidade de conversar com os líderes locais para facilitar a interação com a comunidade e agendar as entrevistas.

No momento da entrevista, o pesquisador precisa deixar claro para o entrevistado a confidencialidade da identidade e das informações, conforme a necessidade. O entrevistador deve cativar o entrevistado, para que este sinta confiança em responder às perguntas do roteiro ou do formulário. Entretanto, o entrevistador precisa ser objetivo, a ponto de não perder o foco, e manter uma postura neutra durante a entrevista, ou seja, evitar concordar ou discordar, bem como induzir ou sugerir respostas. Por exemplo, ao descobrir que o entrevistado não utiliza automóvel próprio para a locomoção na cidade, o entrevistador não pode influenciar o entrevistado, perguntando: "Por que a gasolina está muito cara?". Caso essa informação seja relevante para a pesquisa, o entrevistador deve formular perguntas mais abertas para incentivar o entrevistado a expor seus motivos. Nos casos em que o entrevistado permanece em silêncio, o entrevistador deve manter a postura e não interferir, pois, possivelmente, o respondente está pensando sobre o assunto. Caso demore um tempo excessivo, o entrevistador pode checar o entrevistado se há necessidade de reformular a pergunta (Veal, 2011).

Aconselha-se a anotar as respostas do entrevistado no momento da entrevista para manter a fidelidade das informações. O entrevistador deve fazer o registro das respostas com as mesmas palavras utilizadas pelo entrevistado. Caso possível, deve registrar os gestos, as atitudes e as inflexões de voz. Há, ainda, a possibilidade de utilizar gravador, caso o entrevistado concorde com o uso. Ao término da entrevista, deve manter a cordialidade, pois, além de ser uma atitude respeitosa, garante ao entrevistador a possibilidade de retornar para coletar novos dados (Marconi; Lakatos, 2010).

Os **questionários** consistem em uma estrutura de apresentação de perguntas formalmente planejada; as respostas dos entrevistados fornecem dados geralmente quantitativos. Quando utilizados em pesquisas científicas, os questionários têm de obedecer a certos requisitos, tais como: hipóteses claras, objetividade, clareza, organização lógica e agrupamento de questões. Assim sendo, de acordo com Marangoni (2009), para cada pesquisa, há a necessidade de se elaborar um questionário apropriado que contemple os resultados almejados.

Existem formas diferentes para a aplicação de questionários, as quais variam em função da escala necessária e da coleta dos dados em campo. Por exemplo, os questionários respondidos em domicílio ou na rua apresentam um formato diferente dos que são realizados via telefone, correspondência ou meio eletrônico. Nos casos em que o entrevistado fica responsável pelo registro por escrito de suas respostas, deve-se acrescentar uma carta explicando em que consiste a pesquisa e a importância das respostas para o seu desenvolvimento. Essa estratégia contribui para que o entrevistado entenda a seriedade da sua participação e devolva o questionário respondido.

Sendo assim, o questionário deve conter perguntas formuladas com simplicidade, a fim de facilitar a interpretação do entrevistado, para que sejam obtidas respostas fidedignas. Marangoni (2009) ressalta que o pesquisador precisa conhecer previamente os respondentes, pois a formulação das perguntas depende das características das pessoas envolvidas nesse processo. Marangoni acrescenta que se deve ficar atento à linguagem e utilizá-la de maneira apropriada, a fim de evitar falsos resultados e interpretações errôneas – a palavra *campo*, por exemplo, pode se referir tanto ao meio rural quanto à área de pastagem.

Marconi e Lakatos (2010) reforçam que o questionário precisa ser bem elaborado nos quesitos extensão e finalidade. Não pode ser muito longo, para evitar a fadiga do entrevistado, nem muito curto, caso em que não contempla as informações necessárias. Com a finalidade de não confundir o entrevistado, deve-se estabelecer uma sucessão de perguntas conexas entre si. Para isso, podem ser determinados blocos de questões de temas específicos, como questões referentes à vida profissional, por exemplo.

Outro aspecto diz respeito à boa apresentação gráfica (formatação e estética), a qual deve ser cuidadosamente produzida, a fim de garantir praticidade e facilidade para o entrevistado. Nesse sentido, deve-se observar atentamente o tamanho da fonte, a disposição dos itens, o espaço adequado para o preenchimento da resposta, a presença de orientações ou de notas explicativas para esclarecer as possíveis dúvidas dos entrevistados e a codificação para facilitar a tabulação posterior dos dados.

O preenchimento do questionário pode ser feito pelo entrevistador ou pelo entrevistado. Nas circunstâncias em que o entrevistado não corresponde à demanda do pesquisador responsável pela pesquisa, há a necessidade de se efetuar um treinamento. As respostas do questionário tendem a ser mais precisas e completas quando são realizadas na presença do entrevistador, pois as possíveis dificuldades de interpretação e de compreensão por parte do entrevistado podem ser sanadas no ato. Nos casos de questionários preenchidos pelo entrevistado, Veal (2011) aconselha a evitar perguntas abertas (discursivas), pois, geralmente, ficam em branco. Há a possibilidade de elaborar perguntas fechadas ou dicotômicas, caracterizadas como aquelas em que o entrevistado responde com "sim" ou "não", bem como perguntas de múltipla escolha, em que o entrevistado escolhe uma entre várias respostas possíveis para cada pergunta.

Para a aplicação dos questionários, o pesquisador precisa definir uma amostra de pessoas, a qual representa a fonte dos dados e das informações pertinentes à pesquisa. Dessa forma, a aplicação dos questionários resulta na obtenção de dados numéricos a serem quantificados. Com o objetivo de que os questionários apresentem dados válidos e fidedignos, além de serem operáveis em campo, pode-se efetuar um pré-teste (ou aplicação-teste). Nessa situação, o questionário é testado em uma pequena amostra, nunca na amostra foco da pesquisa. Terminada a aplicação, o pesquisador deve proceder à tabulação dos dados com o intuito de verificar as falhas. Após essas etapas, o questionário precisa ser reformulado para ser utilizado como um novo pré-teste (aplicação-teste) ou como aplicação definitiva da pesquisa.

Finalizado o trabalho de campo referente à aplicação dos questionários, o pesquisador fará o tratamento dos dados e das informações por meio de tabulação, elaboração de gráficos, tabelas e mapas, objetivando analisá-los. Esse tratamento pode ser feito, de forma manual ou automática, com auxílio de equipamentos e programas. Marangoni (2009) relembra que o tratamento automático propicia economia de tempo e garante maior precisão nos resultados de operações aritméticas e estatísticas e de representação gráfica. A autora ainda alerta que a facilidade no cruzamento de dados gera uma enorme quantidade de resultados que, por sua vez, pode dificultar a análise.

Após realizar a análise dos resultados, as informações obtidas por meio dos questionários podem contribuir para o planejamento e a tomada de decisão no espaço geográfico. O uso dos questionários geralmente abrange uma área geográfica extensa, que contempla, simultaneamente, um grande número de entrevistados. Além disso, facilita a operacionalização da pesquisa, porque economiza tempo e equipe necessária para os trabalhos de campo e garante um grande número de dados obtidos de maneira uniforme.

Há outras vantagens no uso dos questionários, como o fato de os entrevistados poderem decidir o melhor momento para respondê-lo e o anonimato, que garante respostas mais fidedignas, pois os entrevistados sentem-se mais à vontade em registrá-las. No entanto, a utilização dos questionários também apresenta desvantagens. Por exemplo: quando o questionário é enviado ao entrevistado via correio ou por meios eletrônicos, o pesquisador pode não obter o retorno desejado; em questionários respondidos pelo próprio entrevistado, comumente algumas perguntas ficam sem respostas, em virtude da dificuldade de compreensão ou por motivos pessoais; o uso de questionários exige que o pesquisador escolha uma amostra alfabetizada e homogênea.

Síntese

Explicitamos, neste capítulo, que o trabalho de campo tem uma relação direta com o pensamento geográfico e, por isso, essa prática manteve-se ao longo da história da geografia. Assim sendo, os trabalhos de campo compõem a maior parte das pesquisas científicas nessa área do conhecimento, pois possibilitam a observação empírica e descritiva dos fenômenos e processos *in situ*. Demonstramos que os trabalhos de campo são considerados técnicas aplicadas nas pesquisas científicas, assim como apresentamos as funções desempenhadas no gabinete (laboratório), tais como: a sistematização e o tratamento dos dados e das informações obtidos em campo. Por fim, realizamos uma breve exposição para demonstrar técnicas aplicadas em especialidades da geografia nos trabalhos de campo.

Indicações culturais

BIGARELLA. J. J. **Nas trilhas de um geólogo**. Curitiba: Imprensa Oficial, 2003.

Seleção de 190 imagens obtidas das pesquisas geológicas realizadas na África, na Ásia e na América, as quais retratam cenas do cotidiano ou de feições físicas, biológicas e antrópicas.

BBC BRASIL. Atualizado pela 1ª vez em 30 anos, atlas traz 12 "novos" tipos de nuvens. 27 mar. 2017. Disponível em: <http://www.bbc.com/portuguese/geral-39413643>. Acesso em: 4 out. 2019.

Essa reportagem informa sobre a atualização do Atlas Internacional de Nuvens, com a inclusão de 12 "novos" tipos de nuvens.

IBGE – Instituto Brasileiro de Geografia e Estatística. **Censo 2010**. Disponível em: <https://censo2010.ibge.gov.br/sobre-censo.html>. Acesso em: 4 out. 2019.

Oferece informações referentes às etapas de realização do Censo 2010.

INTERNATIONAL CLOUD ATLAS. Disponível em: <https://cloudatlas.wmo.int/home>. Acesso em: 4 out. 2019.

Site que disponibiliza as versões de 1930, 1956, 1975 e 1987 do Atlas Internacional de Nuvens.

MUSEU de Astronomia e Ciências Afins. **Teodolito**. Disponível em: <http://site.mast.br/multimidia_instrumentos/teodolito.html>. Acesso em: 4 out. 2019.

Conta a história, as características e as funções do teodolito, assim como de outros instrumentos, como bússola, barômetro, luneta e cintilômetro.

Atividades de autoavaliação

1. O geógrafo Pierre Monbeig (1936, p. 7) defendeu que "as excursões constituem um valioso auxílio e devem ser aproveitadas e aplicadas com um objetivo definido, geográfico, a fim de que não redundem em simples passeio ou viagem de turismo". Nessa afirmação, pode-se entender que *excursões* têm o mesmo significado de *trabalho de campo*. Considerando essa afirmação, com relação aos objetivos dos trabalhos de campo, assinale a alternativa correta:
   a) Objetivam coletar dados e informações por meio das tecnologias disponibilizadas pelo sensoriamento remoto.
   b) Permitem a observação e a interpretação dos fenômenos e dos processos em uma escala de pouco detalhe.
   c) Privilegiam a observação dos fenômenos e processos *in situ* em detrimento do registro dos dados e informações.

d) Garantem pouca autenticidade nas observações, pois o pesquisador pode agir sem neutralidade ou de maneira subjetiva.
e) Possibilitam a coleta de dados e de informações mediante a observação e a interpretação dos fenômenos e processos *in loco*.

2. Venturi (2009) propôs que o uso da técnica na geografia é composto de dois momentos: o do laboratório (gabinete) e o do campo. Com relação a essa proposta, analise as afirmativas a seguir e assinale (V) para as verdadeiras e (F) para as falsas:
( ) As técnicas de campo e de laboratório foram estabelecidas conforme as etapas de uma pesquisa científica.
( ) *Laboratório* pode ser utilizado como sinônimo de *gabinete*, principalmente em áreas que exigem instrumentos específicos.
( ) No laboratório, os dados e as informações provenientes do campo recebem tratamento, a fim de serem sistematizados.
( ) O gabinete refere-se ao local onde ocorre o planejamento e a preparação do trabalho de campo.
( ) O laboratório destina-se somente à simulação de situações reais com o uso de equipamentos apropriados.
Agora, assinale a alternativa que contém a sequência correta:
a) F, V, V, V, V.
b) F, V, V, V, F.
c) V, F, F, F, V.
d) F, V, F, V, F.
e) V, F, V, V, F.

3. Desde os primórdios da geografia, há uma preocupação com a observação dos fenômenos. Diniz Filho (2009) expõe, em seu livro *Fundamentos epistemológicos da geografia*, a preocupação de Humboldt em utilizar a observação para explicar as relações entre os fenômenos da paisagem, bem como a de Ritter em entender a observação como princípio para a compreensão dos fatos. Em virtude disso, o geógrafo deve ter em mente a importância das observações nos trabalhos de campo. A respeito desse tema, assinale (V) para as afirmativas verdadeiras e (F) para as falsas:
   ( ) A escolha da escala de análise interfere no grau de generalização, pois impõe as condições de observação, descrição e interpretação dos fenômenos e processos.
   ( ) A delimitação da escala dos fenômenos pode ser exemplificada da seguinte maneira: uma vertente é parte de uma montanha, que, por usa vez, faz parte de um conjunto de montanhas.
   ( ) Com a finalidade de se determinar a escala cartográfica da área de estudo ou do recorte espacial, deve-se utilizar como referência o maior objeto observado.
   ( ) Os mapas, as cartas e as imagens de satélite auxiliam o pesquisador a planejar e a realizar os trabalhos de campo.
   ( ) O registro do trabalho de campo deve ser efetuado somente em meio analógico, pois os aplicativos em meio digital não oferecem segurança para o armazenamento dos dados.
   Agora, assinale a alternativa que contém a sequência correta:
   a) F, V, V, V, F.
   b) V, F, V, V, F.
   c) F, F, V, V, F.
   d) V, V, F, V, F.
   e) V, V, V, V, F.

4. Os questionários e as entrevistas se referem às técnicas de investigação utilizadas, sobretudo, nas pesquisas científicas da geografia humana. Nesse caso, os questionários são utilizados para que sejam obtidas conclusões mais genéricas (Veal, 2011), enquanto as entrevistas possibilitam a obtenção direta de informações (Marangoni, 2009). Sobre o uso dessas técnicas, assinale a alternativa correta:
   a) A entrevista padronizada utiliza perguntas formuladas pelo entrevistador ao entrevistado de acordo com o momento.
   b) É muito vantajoso usar entrevistas para a coleta de dados, pois pode ser utilizada apenas na população analfabeta.
   c) Para a aplicação dos questionários, define-se uma amostra de pessoas com a finalidade de se obter dados e informações pertinentes à pesquisa.
   d) As perguntas e as respostas formuladas nos questionários têm como objetivo obter dados qualitativos.
   e) O preenchimento do questionário pode ser feito somente pelo entrevistador; por isso, o questionário precisa ser aplicado pessoalmente.

5. Suertegaray (2002) afirma que, no século XX, o conhecimento da natureza foi subdividido em áreas e promoveu o esfacelamento da geografia física. Em decorrência disso, a geografia física dividiu-se em geomorfologia, hidrologia, pedologia, climatologia e biogeografia, as quais apresentam uma construção teórico-metodológica própria. Diante disso, há técnicas diferentes que podem ser utilizadas em cada uma dessas áreas. Assim, assinale a alternativa **incorreta**:
   a) Os pinos de erosão objetivam monitorar a erosão, assim como possibilitam coletar, a cada chuva, a quantidade de sedimentos que foi depositada ou rebaixada da superfície do solo.

b) A descrição morfológica do solo objetiva entender os fatores e os processos de sua formação, assim como sua relação com a dinâmica evolutiva da paisagem.

c) A análise rítmica objetiva definir o ritmo climático de um lugar por meio da observação dos elementos climáticos durante o dia e da análise da circulação atmosférica em âmbito regional.

d) A técnica de nuvens de pontos objetiva determinar a distribuição de uma espécie com base nas coordenadas geográficas que localizam a espécie em campo.

e) O método do flutuador objetiva determinar a velocidade do fluxo d'água com base no deslocamento de um objeto flutuante em um rio.

Atividades de aprendizagem

Questões para reflexão

1. Na parte introdutória do livro intitulado *Geografia física do estado do Paraná*, Maack (2012, p. 39) faz a seguinte reflexão:

   > Atualmente [século XX], não se viaja mais por áreas desconhecidas, porém se escolhe uma determinada região, a fim de estudar detalhadamente um objeto já conhecido, resolvendo-se problemas científicos limitados ou coletando o material necessário para essa tarefa. O mais importante para o viajante moderno é o aproveitamento científico mais profundo dos objetos já conhecidos superficialmente no ramo da geologia, da geografia e das ciências naturais. A pesquisa no campo é uma certa ampliação do estudo da literatura, completada pelos trabalhos de laboratório.

Com base nas colocações de Maack, discorra sobre as principais características dos trabalhos de campo realizados nos séculos XX e XXI.

2. Estudamos que as técnicas representam a extensão e o aprimoramento dos sentidos humanos com a intenção de compreender melhor a realidade. Por isso, vimos exemplos de técnicas adotadas nas diversas especialidades da geografia. Nesse contexto, reflita sobre técnicas simples de observação da natureza. Em seguida, cite exemplos das técnicas contempladas ao longo do capítulo e explique-as.

Atividade aplicada: prática

1. Neste capítulo, aprendemos que o registro dos dados primários e das informações em campo deve ser feito no momento da observação. Considerando isso, elabore, seguindo as orientações fornecidas ao longo do capítulo, uma caderneta de campo para ser utilizada durante os trabalhos de campo.

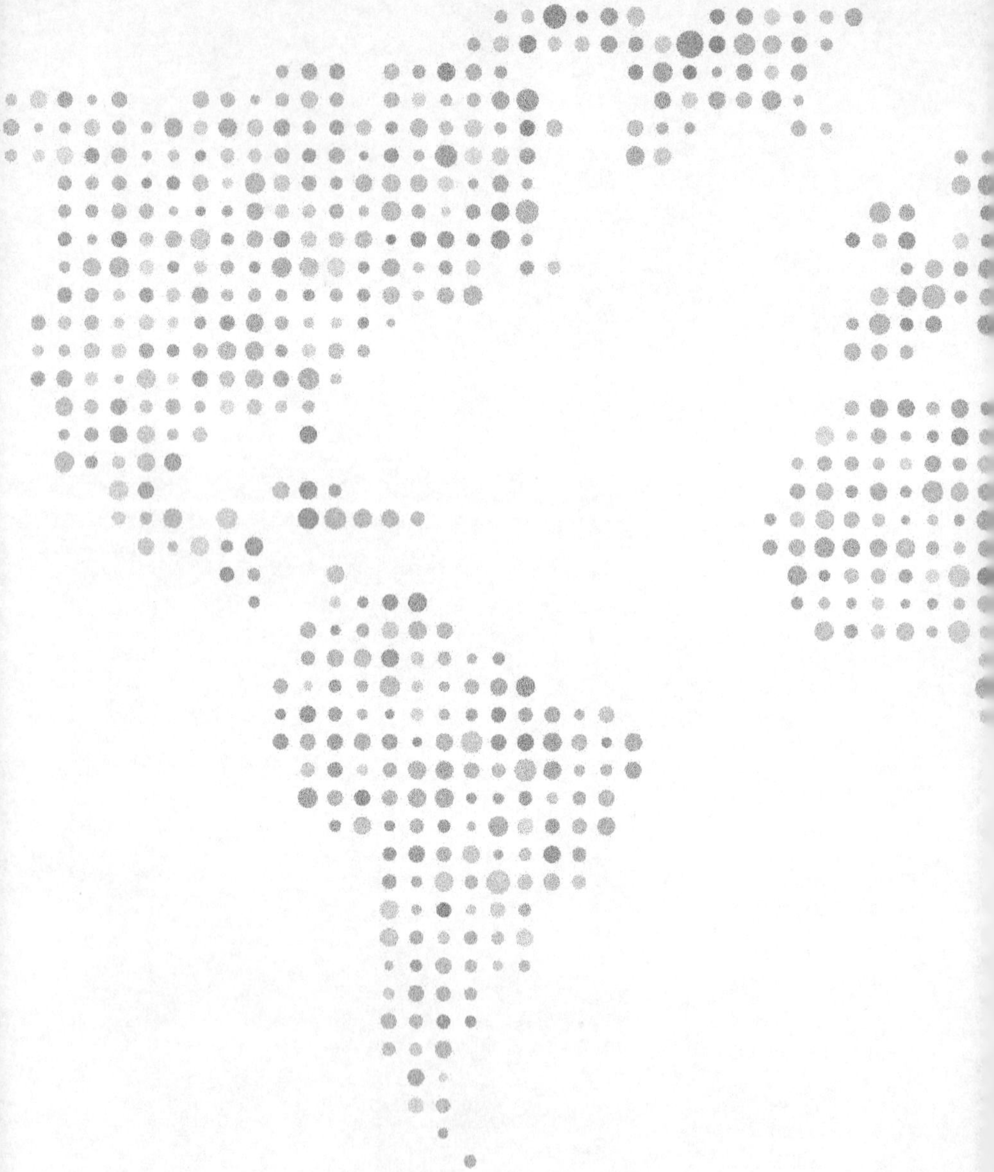

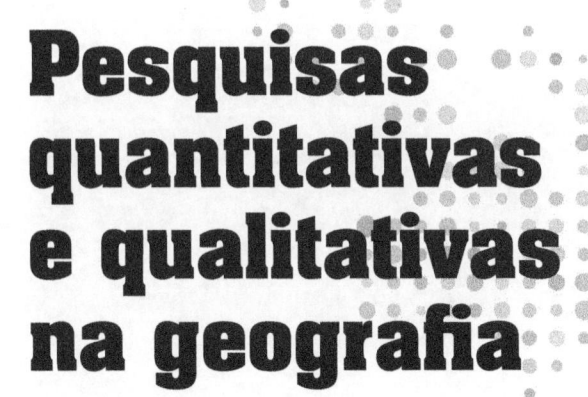

3 Pesquisas quantitativas e qualitativas na geografia

O uso da estatística na geografia remonta à década de 1950, quando ocorreu a revolução quantitativa. Atualmente, a estatística ainda se faz presente na geografia, nas abordagens quantitativas e qualitativas. A organização, a descrição e a análise dos dados quantitativos, obtidos por meio das técnicas aplicadas nos trabalhos de campo, podem ser sistematizados com base nos procedimentos estatísticos. Sendo assim, serão apresentadas as principais formas de sistematização dos dados na geografia, tais como: média, moda, mediana, variância da amostra, desvio padrão, coeficiente de dispersão, frequência, frequência relativa, qui-quadrado, teste t, correlação e regressão linear. Com relação à abordagem qualitativa e ao uso de métodos qualitativos (sem o uso de evidências numéricas), serão demonstradas as possibilidades de tratamento dos dados de forma manual ou com auxílio de *softwares*.

3.1 Abordagens quantitativa e qualitativa

Você sabe o que a estatística tem a ver com a geografia? Neste capítulo, responderemos a essa questão. Na geografia, o uso da estatística está relacionado à revolução quantitativa (Burton, 1963), que ocorreu na década de 1950, em que os pesquisadores adotaram essa abordagem com afinco tanto na geografia física quanto na humana. Conforme Diniz Filho (2009), os defensores da geografia quantitativa se apresentavam frequentemente como realizadores de uma verdadeira "revolução" científica na disciplina, pois acreditavam que o neopositivismo faria da geografia, de fato, uma ciência.

As principais características da geografia quantitativa são: maior rigor na aplicação da metodologia científica ao estudar um objeto próprio, no caso, a organização espacial; formulação de teorias como objetivo central; desenvolvimento de teorias relacionadas com a distribuição e com o arranjo espacial dos fenômenos; uso intensivo de técnicas geoestatísticas e matemáticas; quantificação das observações e verificação das hipóteses e teorias.

A década de 1970 propiciou o desenvolvimento da geografia quantitativa, pois os avanços tecnológicos se faziam presentes com a computação e com a era espacial. No Brasil, conforme Rogerson (2012), houve um aumento na produção da geografia quantitativa, caracterizada pelos artigos desenvolvidos pelo Instituto Brasileiro de Geografia e Estatística (IBGE) e publicados na Revista Brasileira de Geografia.

Entretanto, apesar das críticas, a geografia quantitativa, feita por geógrafos humanistas e marxistas, ainda se faz presente na geografia: na geografia física, com a utilização da teoria geral dos sistemas, para compreender a relação dos seres vivos com o meio ambiente; na geografia humana, com a teoria das localidades centrais de Christaller (1966), como base da rede urbana brasileira (Diniz Filho, 2009). Dessa forma, percebe-se que a construção de teorias e modelos, assim como o rigor científico e o uso das técnicas geoestatísticas e matemáticas, heranças da geografia quantitativa, continuam sendo úteis aos estudos relacionados à organização espacial e à análise ambiental.

Importante!

Os geógrafos adotam a abordagem quantitativa ou qualitativa, conforme o objetivo da pesquisa. Na abordagem quantitativa, são usados dados e informações numéricas nos métodos e técnicas de pesquisa, incluindo o uso de questionários que permitem a quantificação e a comparação de situações pela repetição invariável das mesmas perguntas para diferentes pessoas. Normalmente, a abordagem qualitativa não faz evidências numéricas, pois utiliza a observação e a entrevista para coletar informações a respeito de um pequeno número de pessoas, a fim de compreender as subjetividades e os valores que definem o comportamento do indivíduo. Por isso, as perguntas adaptam-se ao comportamento do entrevistado, variando de entrevista para entrevista.

Desse modo, este capítulo apresenta uma breve introdução à estatística nas abordagens quantitativa e qualitativa.

Indicações culturais

Para obter informações mais detalhadas e aprofundadas, aconselha-se a buscar livros específicos de estatística, como os sugeridos a seguir.

GERARDI, L. H. O.; SILVA, B. C. N. **Quantificação em geografia**. São Paulo: DIFEL, 1981.

Esse livro foi formulado para os estudantes brasileiros dos cursos de graduação e pós-graduação em Geografia, com a finalidade de despertar o respectivo interesse e de incentivá-los ao uso da quantificação na geografia. Esse trabalho pioneiro das professoras Lúcia Helena de Oliveira Gerardi e Bárbara Christine Nentwig Silva tornou-se um marco da geografia quantitativa no Brasil.

ROGERSON, P. **Métodos estatísticos para geografia**: um guia para o estudante. Tradução técnica de Paulo Fernando Braga Carvalho e José Irineu Rangel Rigotti. 3. ed. Porto Alegre: Bookman, 2012.

Escrito por Peter Rogerson, esse livro, em formato de guia, foi desenvolvido para os estudantes de Geografia, com o objetivo de abordar os principais métodos estatísticos utilizados na realização das análises espaciais.

YAMAMOTO, J. K.; LANDIM, P. M. B. **Geoestatística**: conceitos e aplicações. 1. ed. São Paulo: Oficina de Textos, 2013. v. 1.

Essa obra destina-se aos estudantes de Geografia e de áreas afins que se dedicam à análise de dados geológicos e georreferenciados. Os autores Jorge Kazuo Yamamoto e Paulo Milton Barbosa Landim propuseram-se a explicar os conceitos e os fundamentos da geoestatística por meio de exemplos resolvidos.

3.2 Dados quantitativos

Geralmente, as pesquisas quantitativas tendem a seguir etapas sequenciais: formulação de hipóteses; estabelecimento da fundamentação teórica; definição do plano de trabalho; coleta de dados primários ou secundários; constatação dos resultados; e elaboração do relatório. Essas etapas destinam-se à verificação das hipóteses e à elaboração de conclusões, utilizando comprovação numérica, obtida por meio de análises estatísticas.

Os processos estatísticos possibilitam criar representações simples e estabelecer conclusões com base em um conjunto de dados inicial. Desse modo, Crespo (1995, p. 3) afirma que "diante da impossibilidade de manter as causas constantes, admitem-se todas as causas presentes, variando-as, registrando essas variações e procurando determinar, no resultado final, que influências cabem a cada uma delas".

Os processos estatísticos reduzem os fenômenos de forma quantitativa e, de acordo com Marconi e Lakatos (2010, p. 90), "a manipulação estatística permite comprovar as relações dos fenômenos entre si e obter generalizações sobre a sua natureza, ocorrência ou significado". Desse modo, a organização, a descrição e a análise dos dados quantitativos, obtidos durante os trabalhos de campo por meio das medições ou da aplicação de questionários, conforme as técnicas utilizadas em cada área de conhecimento, seguem os princípios básicos da estatística. Sendo assim, serão expostos alguns procedimentos estatísticos utilizados nas pesquisas elaboradas no âmbito da geografia.

A **média aritmética** (X) corresponde ao procedimento mais utilizado para a análise de dados, pois é facilmente aplicada e se refere ao somatório dos elementos da série dividido pelo número total de elementos. A **moda** (Mo) representa o valor que ocorre com mais frequência na série. Nas séries em que os dados não se repetem, não há moda, mas, dependendo do caso, há séries com duas ou mais modas; nesses casos, prevalece o valor da moda de maior frequência. A **mediana** (Me) determina os dados que não se enquadram na tendência central e que podem sub ou superestimar as análises. Para encontrar a mediana, ordenam-se os dados de forma crescente ou decrescente e identifica-se o valor da posição central no conjunto de dados.

As medidas de dispersão são utilizadas quando conjuntos de dados diferentes têm a mesma média e a mesma mediana, mas apresentam variabilidade diferente. Uma das formas de se encontrar a variabilidade da amostra refere-se à variância da amostra (S^2). De forma numérica, corresponde ao somatório do quadrado do desvio em relação à média, dividida pela quantidade de elementos da série, de acordo com a equação a seguir:

$$S^2 = \sum (X_i - \bar{X})^2 / n - 1$$

Quando se extrai a raiz quadrada da variância da amostra, pois o resultado estava elevado ao quadrado, obtém-se o desvio padrão (S). O desvio padrão permite comparar as variáveis quantitativas com a mesma unidade de medida. Caso queira proceder à comparação de variáveis com unidades de medida diferentes, utiliza-se o coeficiente de variação, o qual expressa, em porcentagem, a variabilidade do conjunto de dados em relação à média. O coeficiente de variação (CV) é definido como a razão entre o desvio padrão e a média, multiplicado por 100, conforme a equação que segue:

$$CV = 100 \cdot S / \bar{X}$$

As variáveis nominais não apresentam relação de ordem e, por isso, não se calculam médias para essas variáveis. Nesse caso, pode-se utilizar a frequência (F), a qual retrata a quantidade de vezes que o valor aparece na série. Já a frequência relativa (Fr) – ou probabilidade (P) – deve ser determinada pela razão entre a frequência e a frequência total, ou seja, representa o número de observações (na) em relação ao número total de elementos da série (n), segundo a seguinte equação:

$$P = fr = na/n$$

Um dos mais populares testes de significância chama-se *qui-quadrado* (X^2). Esse teste tem como objetivo determinar o tipo de relação entre duas ou mais amostras, sendo elas de dependência ou independência. Em decorrência disso, o teste do qui-quadrado refere-se a um teste de significância, pois estabelece a relação significativa entre as amostras, as quais provavelmente não ocorrem por acaso.

Utiliza-se o teste qui-quadrado para analisar a variação entre as variáveis por meio da frequência. Assim sendo, estabelece-se a distinção entre as frequências esperadas (fe) e as frequências observadas (fo). As primeiras, pautadas na hipótese nula, apresentam a mesma proporção, ou seja, a frequência relativa contabilizará 50% para cada grupo. Exemplo: a frequência relativa de geógrafos humanos é igual à frequência relativa de geógrafos físicos. Já as frequências observadas relacionam-se com os resultados obtidos por meio da coleta de dados, de forma que, de um grupo para outro, podem variar. De posse das frequências observadas (fo) e esperadas (fe), o valor do qui-quadrado pode ser calculado mediante esta equação:

$$X^2 = \Sigma\, (fo - fe)^2/fe$$

Como o qui-quadrado (X^2) consiste na soma do quadrado dos valores das diferenças, no caso de diferenças entre frequências observadas e esperadas serem suficientemente grandes, rejeita-se a hipótese nula e entende-se que há uma diferença real na população. Caso contrário, quando a contagem da população e a contagem esperada são as mesmas, determina-se a hipótese nula como verdadeira.

A maneira mais simples de avaliar a significância da diferença entre duas médias consiste em aplicar o teste **t de Student** (ou, simplesmente, *teste t*). Como exemplo, podem ser testados os dados médios mensais da pressão atmosférica e da temperatura do ar obtidos em dois bancos de dados diferentes, Banco Nacional de Dados Oceanográficos (BNDO) e Centro de Previsão de Tempo e Estudos Climáticos (CPTEC/Inpe). Nesse caso, entende-se a hipótese nula da seguinte maneira:

» H_0 (hipótese nula): não existe diferença entre as médias obtidas dos bancos de dados;
» H_1 (hipótese alternativa): existe diferença entre as médias obtidas dos bancos de dados.

O cálculo do teste t baseia-se no tamanho da amostra e nas duas médias a serem comparadas, conforme expresso na seguinte equação:

$$t = \frac{\overline{X}_1 - \overline{X}_2}{\sqrt{\dfrac{sx_1^2}{n_1} + \dfrac{sx_2^2}{n_2}}}$$

Caso não exista diferença entre as médias analisadas (hipótese nula), então, para determinada amostra, t tem uma distribuição conhecida de valores prováveis: em valores altos da amostra (dentro dos 5% de valores mais altos para aquele tamanho de amostra), rejeita-se H_0 e aceita-se H_1, o que retrata uma diferença no nível de significância de 5% de probabilidade (Veal, 2011). Nesse caso, a comparação das amostras depende das variáveis envolvidas. Caso a comparação utilize as médias de duas variáveis em toda a amostra, usa-se o teste de amostras pareadas. Esse teste deveria ser aplicado no exemplo mencionado, pois a comparação da pressão atmosférica e da temperatura foi realizada nas amostras dos bancos de dados (BNDO e CPTEC/Inpe). Já, quando se comparam as médias de uma variável em subgrupos da amostra, opta-se pelo teste de amostras de grupos ou de amostras independentes. Para auxiliar a análise e a interpretação do teste t, utilizam-se *softwares* livres, como o Ambiente R (também conhecido simplesmente por R).

A relação entre duas variáveis é obtida por meio de sua correlação: por exemplo, a relação entre altitude e temperatura. Você provavelmente se lembra de que a cada 100 metros de elevação da altitude, a temperatura cai 0,6 °C. Se dois fenômenos têm relação entre si, como o do exemplo mencionado, entende-se que há uma correlação, e esta é classificada, quanto ao sentido, em positiva ou negativa. Uma **correlação positiva** indica que valores altos na variável A repercutem em valores altos na variável B; da mesma forma que valores baixos em A tendem a valores baixos em B, caracterizando uma correlação positiva. Entende-se que há **correlação negativa** quando se tem valores altos na variável A e propensão a valores baixos na variável B. Reciprocamente, também ocorrerá correlação negativa quando, em valores baixos de B, existem valores altos em A. Quando não há correlação entre as variáveis, logicamente não há a correlação mencionada.

Com a finalidade de visualizar diferenças quanto à força de correlação entre as variáveis, são utilizados **diagramas de dispersão**, os quais correspondem a gráficos elaborados no plano cartesiano (a variável X localiza-se no eixo horizontal, e a variável Y, no eixo vertical), Essas representações gráficas demonstram a distribuição das duas variáveis (X e Y) ao longo da faixa dos possíveis resultados. Convencionalmente, entende-se que a força de correlação entre as variáveis X e Y aumenta à medida que os pontos, no diagrama de dispersão, agrupam-se em torno de uma linha reta imaginária. O Gráfico 3.1, desenvolvido por Galvani (2009), mostra, no primeiro diagrama (de cima para baixo), a perfeita correlação entre as variáveis, pois o aumento de uma unidade em A causa o aumento da unidade em B, o que desencadeia a formação de uma reta; no segundo diagrama, visualmente, a correlação pode ser definida como boa, mas dependerá do coeficiente de correlação (r), uma vez que este mede o grau de correlação entre as variáveis; e o último diagrama demonstra ausência de correlação, uma vez que os pontos estão dispersos, sem associação linear entre as variáveis.

Gráfico 3.1 – Exemplos de diagramas de dispersão

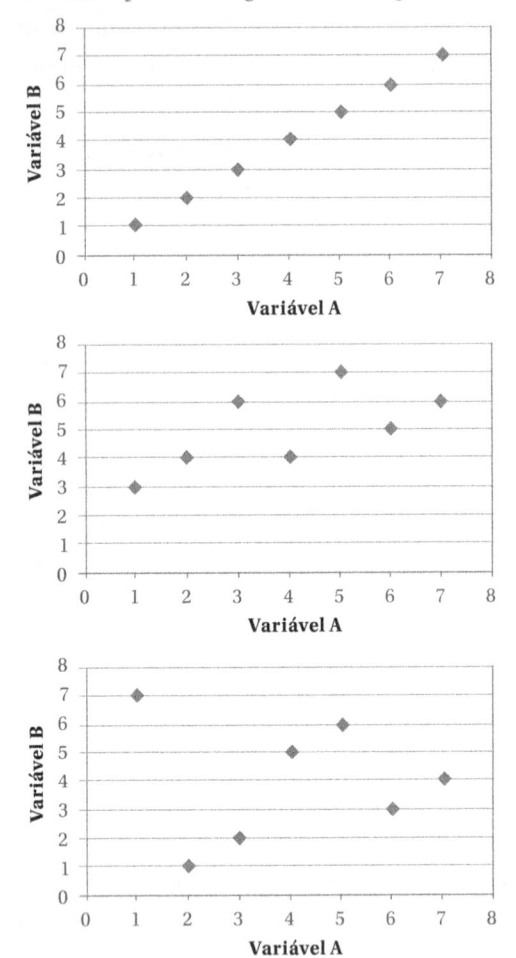

Fonte: Galvani, 2009, p. 182.

Além da análise visual mediante os diagramas de dispersão, geralmente, faz-se uso do coeficiente de correlação (r), a fim de se eliminar a subjetividade. O coeficiente de correlação mede o grau de associação linear entre as variáveis, o qual é calculado medindo-se o quanto cada ponto de dados está longe da média de cada variável e multiplicando-se as duas diferenças para cada ponto; depois, soma-se o resultado de todos os pontos (Veal, 2011). Observe a equação a seguir, que determina o coeficiente de correlação de Pearson:

$$r = \frac{\Sigma x \cdot y - \frac{(\Sigma x) \cdot (\Sigma y)}{n}}{\sqrt{\left[\Sigma x^2 - \frac{(\Sigma x)^2}{n}\right] - \left[\Sigma y^2 - \frac{(\Sigma y^2)}{n}\right]}}$$

Com o auxílio do Excel, pode-se determinar o coeficiente de correlação, de forma muito prática. Para isso, clica-se em (*fx*), insere-se a fórmula e, em seguida, clica-se em estatística; em CORREL, seleciona-se a matriz x e a matriz y e clica-se em OK para calcular.

Quanto mais próximo de +1,0 ou –1,0, maior a correlação, sendo que +1,0 demonstra uma correlação positiva perfeita entre duas variáveis e –1,0 uma correlação negativa perfeita. Caso o coeficiente esteja entre 0 e +1,0, há a possibilidade de existir alguma correlação positiva; entre 0 e –1,0, alguma correlação negativa. Quando o valor do coeficiente corresponde a zero, a correlação é nula.

Para compreender uma variável em função de outra, sendo a relação entre elas de dependência natural, faz-se uso da regressão linear. Para isso, utiliza-se um modelo matemático, que tem como objetivo descrever a relação entre as duas variáveis, partindo de n observações.

A variável na qual se faz a estimativa recebe a denominação de *variável dependente*, a outra é nomeada *variável independente*. Supondo x a variável independente e y a dependente, procura-se determinar o ajustamento de uma reta à relação entre essas variáveis, por meio da função:

$$y = a + b \cdot x$$

Nessa fórmula, a e b são os parâmetros, sendo que a fornece a posição em que a reta corta o eixo y e b corresponde à tangente trigonométrica do ângulo formado entre a linha da abscissa (X) e a reta ajustada da regressão linear.

Existindo, entre as variáveis x e y, uma correlação retilínea, comprovada pelo diagrama de dispersão, prossegue-se ao ajustamento da reta, definido pela função (y = a + b · x), sendo necessário calcular o valor dos parâmetros com base nas equações a seguir.

$$b = \frac{\Sigma x \cdot y - \frac{(\Sigma x) \cdot (\Sigma y)}{n}}{\Sigma x^2 - \frac{(\Sigma x)^2}{n}}$$

E:

$$a = \overline{Y} - b \cdot \overline{X}$$

Importante ressaltar que nessas equações:

» n corresponde ao número de observações;

» $\overline{X}$ refere-se à média dos valores de X $\left(\overline{X} = \frac{\Sigma x}{n}\right)$;

» $\overline{Y}$ equivale à média dos valores de y $\left(\overline{Y} = \frac{\Sigma y}{n}\right)$.

Com o auxílio do Excel, obtêm-se os valores de a e b. Com base nisso, elabora-se um gráfico de dispersão entre duas variáveis x e y. Depois, com o botão direito do *mouse*, clica-se sobre os pontos do gráfico; em seguida, clica-se novamente no botão e escolhe-se "adicionar linha de tendência". Na sequência, habilita-se o tipo de reta de ajuste linear com um clique para exibir a equação e o valor do R quadrado; ao fim, clica-se em OK.

Nos casos em que se comprova, de forma consistente, a correlação entre as suas variáveis, pode-se utilizar uma variável para prever a outra. Conforme Veal (2011), isso facilita as pesquisas científicas, pois variáveis facilmente medidas (como renda) podem ser utilizadas para prever variáveis mais difíceis ou onerosas de se medir (como a ocupação nas cidades). Galvani (2009) lembra que o uso da regressão linear permite uma redução da amostragem no trabalho de campo, pois possibilita estimar o valor de variáveis de forma rápida e com menor custo.

3.3 Dados qualitativos

Os métodos qualitativos caracterizam-se pela participação do pesquisador no processo de pesquisa, a fim de entender a realidade (re)construída socialmente. Por isso, normalmente, destinam-se a estudos voltados ao comportamento humano em determinado lugar, espaço geográfico ou território. Além disso, favorecem a percepção de mudanças pessoais na relação espaço-tempo, decorrentes da própria história de vida, suas experiências, interações e expectativas.

Veal (2011) afirma que há bases teóricas para subsidiar a aplicação dos métodos qualitativos, sendo que esse tipo de pesquisa se caracteriza pela visão do pesquisador, o qual decide os pontos importantes, as questões a serem discutidas e determina a base e a estrutura do discurso. De modo geral, a análise qualitativa permite a identificação e a avaliação de vários fatores e influências, examinados de forma exploratória por intermédio de entrevistas. Por isso, as pesquisas qualitativas proporcionam às pessoas investigadas maior segurança em descrever e em explicar suas opções, experiências e sentimentos.

A primeira etapa do processo de análise refere-se à leitura das transcrições, das anotações e dos documentos; em seguida, deve-se escutar os materiais de áudio e assistir aos vídeos. Nesse momento, o pesquisador deve estar bem atento, pois os documentos e materiais são analisados com base nas hipóteses elaboradas, na estrutura conceitual da pesquisa e nas questões formuladas durante a coleta de dados. De forma concomitante, deve-se estabelecer os temas emergentes (similar às variáveis, na pesquisa quantitativa). A interpretação desses temas é realizada com base na ênfase dada pelo entrevistado.

De posse da interpretação das informações das entrevistas, inicia-se a estrutura conceitual da pesquisa, a qual abrange os temas emergentes, os conceitos, os fatores pessoais, o relacionamento interpessoal, entre outros. Em seguida, classifica-se e organiza-se a informação coletada por meio da análise manual das transcrições físicas, em que o pesquisador anota os temas emergentes na margem das transcrições, das anotações e dos documentos. Também são utilizados *softwares* de textos, os quais permitem realçar o texto, adicionar comentários, localizar palavras-chave, realizar codificação e referências cruzadas. Com o propósito de catalogar os dados, enumeram-se os parágrafos ou adiciona-se a numeração nas linhas e nas transcrições, a fim de relacionar essa informação com determinado indivíduo. Dessa forma, facilita-se a busca por temas ou palavras-chave na mesma entrevista ou em várias entrevistas. De posse desse catálogo, o pesquisador busca as palavras usadas pelos entrevistados para compreender o contexto e os sentimentos relacionados. Na análise de dados qualitativos, podem ser explorados os temas, utilizando-se a tabulação cruzada e a correlação, pois procura-se estabelecer relações entre o que as pessoas dizem e fazem. Há, ainda, a possibilidade de utilizar *softwares* de análise qualitativa, CAQDAS (Computer Assisted Qualitative Data Analysis Software).

Independentemente de a análise dos dados qualitativos ser realizada de forma manual ou com o auxílio de *softwares*, o pesquisador tem inteira responsabilidade sobre a interpretação e os resultados gerados. Afinal, como a maior parte dos dados qualitativos está relacionada às pessoas, o pesquisador deve prezar pela confidencialidade e pela segurança das transcrições ou anotações, tanto na armazenagem dos dados quanto na divulgação dos resultados. Nesse sentido, Veal (2011) alerta que o material de pesquisa não deve ser rotulado com o nome real das pessoas ou organizações, sendo necessário estabelecer nomes fictícios ou usar uma codificação. Nos casos de nomes reais mencionados pelos entrevistados, tem-se a opção de apagá-los ou de renomeá-los, de acordo com o objetivo da pesquisa.

Apesar de etapas referentes à pesquisa qualitativa terem sido expostas de forma sequencial, sabe-se que esse tipo de pesquisa, comumente utiliza a abordagem recursiva, na qual a definição da hipótese está atrelada ao desenvolvimento da pesquisa; a análise e a coleta de dados ocorrem de forma concomitante, e a redação deve ser elaborada durante o processo (Veal, 2011).

Outra perspectiva adotada na análise de dados qualitativos diz respeito à teoria fundamentada nos dados (grounded theory), desenvolvida por Braney Glaser e Anselm Strauss. Os autores buscam incentivar os pesquisadores a gerar teorias que sejam relevantes para sua pesquisa em vez de apenas ocupar-se da verificação quantitativa de teorias já existentes. No entanto, apesar da ênfase estar centrada na geração de teoria, os autores também entendem a importância da verificação. Dessa forma, propõem que a teoria deve ser fundamentada na análise dos dados, os quais serão examinados sem nenhuma percepção preconcebida (Glaser; Strauss, 1967).

Síntese

Relatamos, neste capítulo, que a revolução quantitativa na geografia, durante a década de 1950, difundiu o uso da estatística, a qual ainda se faz presente nas abordagens qualitativas e quantitativas. Explicamos que a organização, a descrição e o tratamento dos dados quantitativos, obtidos nos trabalhos de campo, podem ser realizados com base nos procedimentos estatísticos. Assim, neste capítulo, apresentamos uma breve introdução à estatística. Com relação aos métodos qualitativos (sem uso de evidências numéricas), também demonstramos as possibilidades de tratamento dos dados.

Indicações culturais

IBGE – Instituto Brasileiro de Geografia e Estatística. **Séries históricas e estatísticas**. Disponível em: <https://seriesestatisticas.ibge.gov.br/>. Acesso em: 7 out. 2019.

Canal do IBGE no qual se divulgam as séries históricas e estatísticas produzidas pelo Instituto.

IBGE – Instituto Brasileiro de Geografia e Estatística. ***Downloads***. Disponível em: <https://downloads.ibge.gov.br/downloads_estatisticas.htm>. Acesso em: 7 out. 2019.

Canal do IBGE em que é possível baixar todas as pesquisas realizadas, em cada área, pelo Instituto.

Atividades de autoavaliação

1. Após a Segunda Guerra Mundial, a sociedade sofreu profundas transformações, as quais repercutiram também na geografia. Nessa ciência, os profissionais presenciaram uma mudança no referencial metodológico, denominada de "revolução quantitativa" (Burton, 1963). Nesse contexto, e com relação ao uso da estatística na geografia, assinale a alternativa **incorreta**:
    a) O uso da estatística na geografia sempre esteve vinculado aos geógrafos físicos, pois eles a utilizam para comprovar numericamente os processos naturais.
    b) A geografia quantitativa prezava pelo maior rigor metodológico e, por isso, valorizava as técnicas geoestatísticas e matemáticas.
    c) A estatística não pode ser utilizada nas abordagens qualitativas, pois esse tipo de abordagem estuda as pessoas, as quais não podem ser mensuradas.
    d) Os questionários referem-se a uma técnica utilizada pela abordagem qualitativa, os quais permitem a quantificação.
    e) O desenvolvimento da geografia quantitativa está atrelado à era espacial e aos avanços tecnológicos presentes na época, como o uso do computador.

2. Conforme Crespo (1995, p. 13), "a Estatística é uma parte da Matemática Aplicada, destinada à coleta, organização, descrição e análise de dados, com o intuito de serem utilizados na tomada de decisão". Assim, com relação aos procedimentos estatísticos, analise as afirmativas a seguir e assinale (V) para as verdadeiras e (F) para as falsas.
    ( ) A moda refere-se ao somatório dos elementos da série dividido pelo número total de elementos.

( ) O desvio padrão pode ser obtido ao extrair a raiz quadrada da variância da amostra, caracterizada pela variabilidade da amostra.
( ) A probabilidade, ou frequência relativa, expressa a relação entre o número de vezes que determinado evento ocorreu e o número total de eventos observados.
( ) O coeficiente de variação compara variáveis com unidades de medida diferentes.
( ) A mediana representa o valor na série repetido com maior frequência.

Agora, assinale a alternativa que contém a sequência correta:
a) F, V, V, V, F.
b) V, V, F, V, V.
c) F, F, F, F, V.
d) V, V, F, V, V.
e) V, F, V, V, F.

3. De acordo com Galvani, as medidas de tendência central (média aritmética, mediana e moda) permitem avaliar o conjunto de dados como um "raio x inicial" (2009, p. 175). Sabendo disso, observe a série hipotética a seguir, referente a notas de Geografia:
6, 2, 8, 6, 3, 0, 4, 2, 6, 7, 10, 3, 6.
Calcule as medidas de tendência central e assinale a alternativa que expressa corretamente a média, a mediana e a moda, respectivamente:
a) 4,85; 6,5; e 6.
b) 4,85; 6; e 6.
c) 4,85; 6; e 5.
d) 5,33; 6; e 6.
e) 5,33; 6,5; e 6.

4. Os diagramas de dispersão possibilitam visualizar a correlação entre duas variáveis. De acordo com Crespo (1995, p. 150), "pode-se imaginar que quanto mais fina for a eclipse [formato dos pontos no gráfico], mais ela se aproxima de uma reta". Por isso, a correlação de forma elíptica em formato de reta é nomeada de correlação linear. Nesse contexto, observe as figuras:

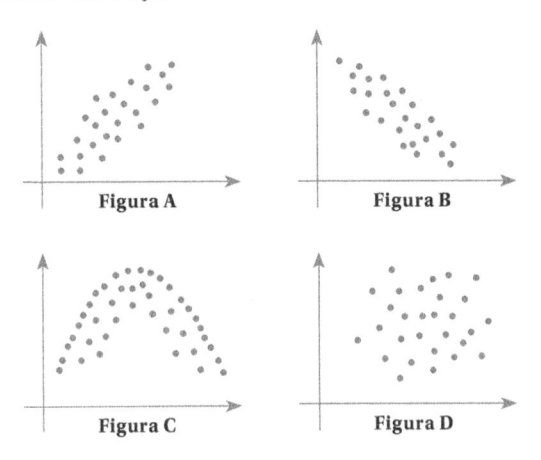

Figura A

Figura B

Figura C

Figura D

Fonte: Crespo, 1995, p. 151.

Analise as afirmações a seguir:
I. A Figura A representa uma correlação linear positiva.
II. A Figura B representa uma correção linear negativa.
III. A Figura C representa uma correlação não linear.
IV. A Figura C representa uma correlação linear.
V. A Figura D representa uma correlação não linear.

Assinale a alternativa que lista todas as afirmativas corretas.
a) I, II e III.
b) I e III.
c) IV e V.
d) II e IV.
e) I, II, IV e V.

5. Em estatística, *população* refere-se ao "conjunto de entes portadores de, pelo menos, uma característica comum" (Crespo, 1995, p. 19). Entretanto, em virtude da inviabilidade de recursos financeiros e de tempo hábil, o pesquisador define uma parcela da população para representar a fonte de dados da sua pesquisa. Com base no exposto, identifique, nas alternativas a seguir, aquela que se refere à parcela da população mencionada.
   a) Variável.
   b) Informação.
   c) Amostra.
   d) Variância.
   e) Série.

Atividades de aprendizagem

Questões para reflexão

1. Um dos conceitos mais importantes da estatística refere-se à hipótese nula (H_0). Nessa concepção, são estabelecidas duas hipóteses mutuamente incompatíveis, em que somente uma delas pode ser verdadeira. Nesse contexto, suponha que, em um estudo sobre a participação dos estudantes de duas disciplinas, Cartografia e Geografia Urbana, o objetivo seja determinar a assiduidade dos alunos nesses cursos. Com base no exposto, demonstre a hipótese nula e a hipótese alternativa.

2. De acordo com Ruiz (1996), a palavra *ciência* pode assumir duas concepções: uma com sentido amplo e a outra com sentido restrito. No primeiro caso, *ciência* significa simplesmente "conhecimento". No segundo caso, o termo designa um conhecimento demonstrado pelas causas determinantes, ou seja, estabelece-se a relação do fenômeno e processos com as

causas. Segundo Diniz Filho (2009), os defensores da geografia quantitativa acreditavam que o neopositivismo faria da geografia, de fato, uma ciência. Nesse contexto, discorra sobre a contribuição da geografia quantitativa para a geografia como ciência.

Atividade aplicada: prática

1. A gravação refere-se a um procedimento utilizado em entrevistas para coletar informações necessárias ao desenvolvimento da pesquisa. Considerando essa informação, elabore uma entrevista sobre um tema pré-determinado e defina palavras-chave para as futuras perguntas. Durante a entrevista, faça gravações, em vídeo e/ou em áudio, das perguntas e respostas. Posteriormente, transcreva essa gravação com a finalidade de analisar os resultados de forma metódica.

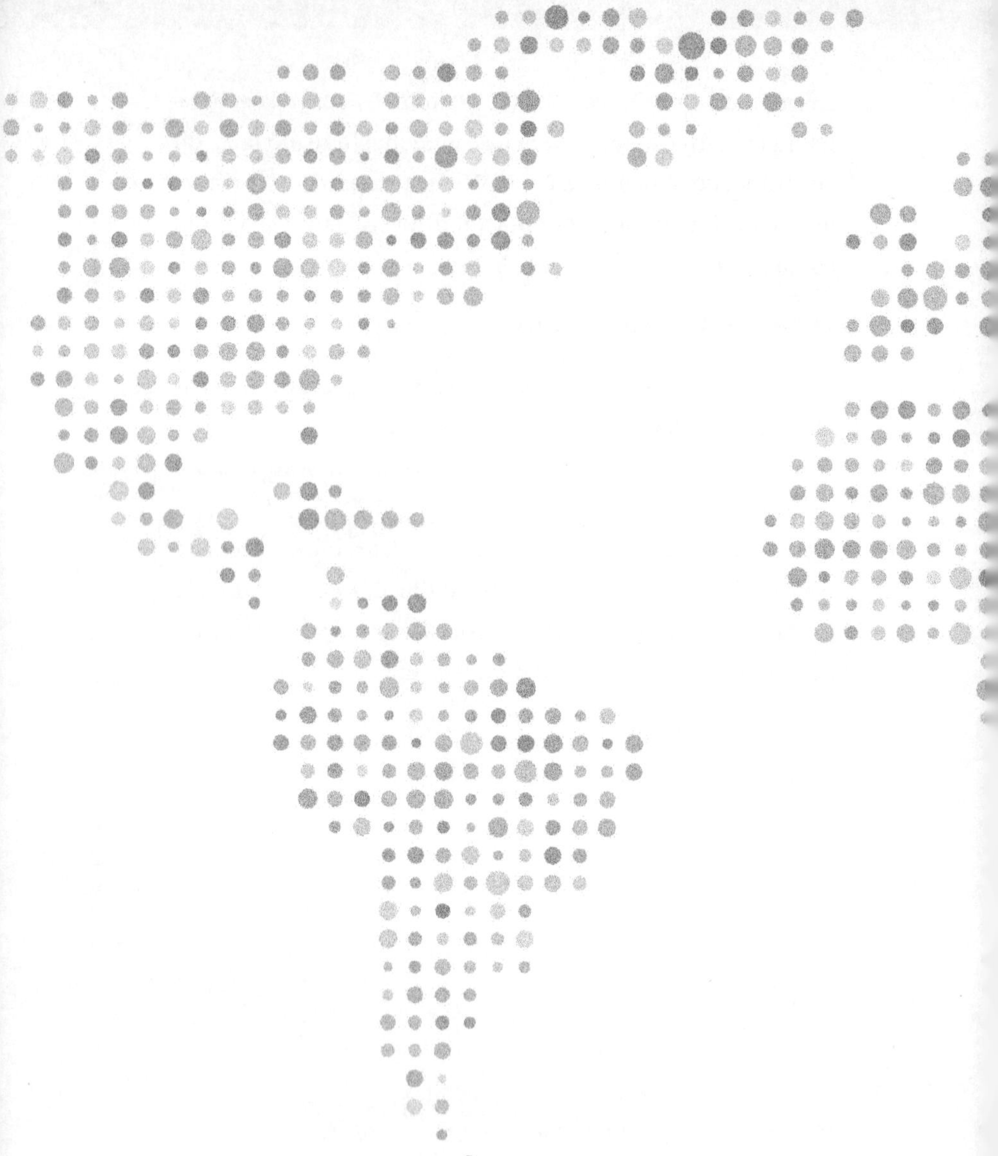

4
Integração e análise dos dados

Na geografia, a popularização do uso do Sistema de Informação Geográfica (SIG) está relacionada com a possibilidade de esse sistema propiciar a integração e a análise de dados e informações georreferenciadas, visando à tomada de decisão nas paisagens ou espaços geográficos. Por isso, neste capítulo, abordaremos os procedimentos de armazenamento e manipulação dos dados e/ou das informações nos componentes do SIG. Nesse contexto, faremos uma breve exposição sobre as funções de processamento utilizadas nas análises espaciais. Em seguida, discutiremos sobre as vantagens do armazenamento dos arquivos em formato *shapefile* ou em bancos de dados SGBD (Sistema de Gerenciamento de Bancos de Dados). Ressaltaremos, também, que os dados e as informações dos bancos de dados podem ser organizados em forma de tabelas, quadros, gráficos, entre outros. Por fim, destacaremos a facilidade de elaborar mapas em ambiente SIG em vista da interface interativa dos *softwares* com os usuários.

4.1 Sistema de Informação Geográfica (SIG)

É provável que você já tenha escutado falar de SIG, mas quem o inventou e qual a sua finalidade? Roger Tomlinson, conhecido como o pai do SIG, utilizou o termo Geographic Information Systems (GIS), na década de 1960, para denominar o projeto Canada Geographic Information System, caracterizado como um sistema capaz de processar e analisar uma vasta quantidade de dados, visando à solução de problemas existentes na época, relativos ao tratamento de informações, como a sobreposição de mapas, considerada custosa e altamente dispendiosa em termos de trabalho manual.

Somente a partir da década de 1980, as aplicações do SIG passaram a ser usadas como um sistema integrado para a análise de dados georreferenciados. Por isso, conforme Aronoff (1989), SIG refere-se às técnicas utilizadas para armazenar e analisar dados georreferenciados, com o objetivo de auxiliar na tomada de decisão. De acordo com Maguire, Goodchild e Rhind (1991), o SIG tem o potencial de resolver os processos de análise espacial que envolvem as perguntas expostas no Quadro 4.1.

Quadro 4.1 – Perguntas gerais para a análise espacial em ambiente SIG

Análise	Pergunta geral
1. Localização	Onde está...?
2. Condição	O que está...?
3. Tendência	O que está mudando...?
4. Roteamento	Qual o melhor caminho...?
5. Padrões	Qual a distribuição do modelo padrão...?
6. Modelos	O que acontece se...?

Fonte: Maguire; Goodchild; Rhind, 1991, p. 16, tradução nossa.

Importante!

A pretensão de conhecer, compreender e transformar os espaços geográficos contribuiu para a popularização do uso do SIG, pois esse ambiente permite integrar, em um único banco, dados espaciais (dados cartográficos, dados censitários, imagens de satélite, *raster*, entre outros), os quais são consultados, combinados (algoritmos de manipulação e análise), visualizados e utilizados na elaboração de mapas. Desse modo, os SIGs facilitam a integração de dados obtidos de diversas fontes; por isso, a geografia tem utilizado esses sistemas com grande frequência.

Os SIGs possibilitam a realização de complexas operações de análises ao relacionar e analisar dados geográficos, caracterizados por representar objetos e fenômenos que têm uma localização geográfica, propriedades cruciais para manipulá-los e analisá-los. Esses processos de análise permitem localizar os dados geográficos no espaço, assim como representar esses dados por meio das relações estabelecidas entre eles.

Dessa forma, o SIG possibilita a interpretação dos dados, dando significado a eles, ou seja, transformando-os em informação passível de ser representada visualmente, como, por exemplo, em um mapa. Desse modo, o SIG funciona como um banco de dados geográficos (armazenamento de informação espacial), como suporte da análise espacial e como ferramenta para a produção de mapas.

Para cumprir a finalidade proposta, os SIGs contam com os seguintes componentes: *hardware* do usuário (por exemplo, o computador), dispositivo do usuário (cliente), *software,* banco de dados, funções de processamento e rede (compartilhamento de dados e informações em ambiente digital) – (Câmara et al., 1997; Longley et al., 2013), conforme demonstrados na Figura 4.1.

Com relação ao primeiro componente, o *software* do sistema desempenha esse papel de interface. Na atualidade, há predominância de *softwares* com ambientes interativos, ou seja, eles apresentam interfaces em formato de *menu* para facilitar as operações.

Figura 4.1 – Seis partes de um Sistema de Informações Geográficas (SIG)

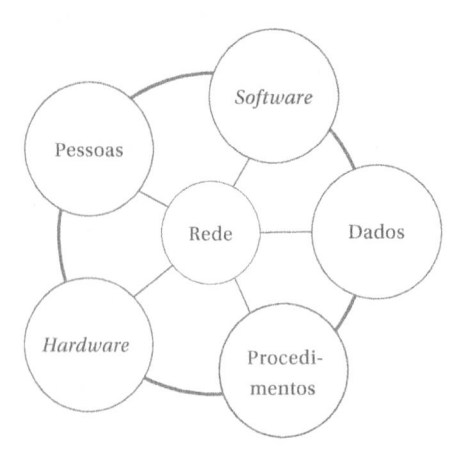

```
        Software
Pessoas
        Rede    Dados
Hardware
        Procedi-
        mentos
```

Fonte: Longley et al., 2013, p. 25.

A entrada de dados em ambiente SIG pode ser feita via caderneta de campo ou por meio do registro digital direto, em que são utilizadas as geotecnologias para obter, armazenar ou registrar dados obtidos em trabalhos de campo. Outra possibilidade é o uso da mesa digitalizadora, na qual ocorre a conversão de mapas analógicos em dados digitais por meio da digitalização manual. Na digitalização ótica (digitalização por varredura), utiliza-se o *scanner*, que converte mapas analógicos em formato *raster*, com o auxílio dos algoritmos de conversão, sendo necessária a intervenção humana. O GPS (Global Positioning System), o computador de mão PDA (Personal Digital Assistant), os aplicativos de geolocalização e os aplicativos para *drones* permitem coletar dados nos trabalhos de campo, de forma mais precisa, e, em alguns casos, efetuar o registro digital direto. Há, ainda, a possibilidade de adquirir dados das fontes oficiais.

As funções de processamento dependem dos dados geográficos disponíveis, bem como do objetivo da pesquisa ou do projeto. De modo geral, os SIGs possibilitam realizar análises geográficas, processamento de imagens e modelagens em uma área de estudo ou recorte espacial estabelecido pelo usuário.

Com relação à análise geográfica, podem ser utilizadas diversas funções, tais como: superposição, intersecções, reclassificações, medidas (área), operações matemáticas, consulta ao banco de dados, entre outras. Já o processamento de imagens refere-se à filtragem, ao contraste e à reclassificação das imagens, entre outros. Nas modelagens, destacam-se os modelos digitais do terreno (MDT) ou modelos digitais de elevação (MDE), os quais subsidiam, por exemplo, a geração de mapas de declividade, aspecto e curvatura.

A interface do *software* determina as ferramentas disponíveis para a elaboração e visualização da produção gráfica e cartográfica. Com relação à produção cartográfica, exemplificada pelos mapas, há a definição da área de plotagem, assim como dos recursos para representar os elementos cartográficos essenciais, como a legenda, o norte geográfico e a escala. Os recursos disponíveis para a plotagem mantêm a qualidade da produção gráfica e cartográfica, pois preservam as dimensões, assim como as cores com alta fidelidade e proporcionam resolução compatível com o tamanho do papel a ser impresso. Por fim, os bancos de dados permitem armazenar e recuperar dados e seus atributos.

4.2 Banco de dados

Os SIGs têm internamente um grande diferencial, o banco de dados, criado e modificado com dados provenientes de diferentes fontes, sendo elas: dados cartográficos, dados censitários, imagens de satélite e radar, modelos digitais do terreno (MDT), modelos digitais de elevação (MDE), entre outras. Conforme Câmara et al. (1997), esses dados podem ser gerenciados no banco de dados por meio da manipulação, recuperação e análise executada pelos algoritmos. Nesse caso, o banco de dados também está em outros setores da vida prática, como em contas-correntes.

A entrada dos dados nos bancos de dados pode ocorrer via caderneta, a qual constitui um instrumento de registro utilizado em trabalhos de campo. Após organizados e verificados pelo pesquisador, os dados são inseridos no sistema de forma manual. Já a transferência de dados para o banco de dados é feita após a realização dos trabalhos de campo, em que o pesquisador fez uso de geotecnologias (GPS, PDA, aplicativos de geolocalização, entre outros).

Outra alternativa é a obtenção de dados de fontes oficiais, tais como: Instituto Brasileiro de Geografia e Estatística (IBGE), Instituto Nacional de Pesquisas Espaciais (Inpe), Diretoria de Serviço Geográfico do Exército (DSG), Empresa Brasileira de Pesquisa Agropecuária (Embrapa), Agência Nacional de Águas (ANA), Agência Nacional de Energia Elétrica (ANEEL), Instituto de Cartografia Aeronáutica (ICA), Instituto Chico Mendes de Conservação da Biodiversidade (ICMBio), entre outros.

No Brasil, os dados são gerados e disponibilizados por várias instituições. Esse cenário dificulta a utilização dos dados e das informações, pois eles foram produzidos com a finalidade de atender aos objetivos de uma instituição específica, a qual comumente adota padrões e formatos que nem sempre coincidem com as demais. Por essa razão, foi criada a Infraestrutura Nacional de Dados Espaciais (Inde) por meio do Decreto n. 6.666, de 27 de novembro de 2008 (Brasil, 2008, p. 1), tendo como objetivos:

I. promover o adequado ordenamento na geração, no armazenamento, no acesso, no compartilhamento, na disseminação e no uso dos dados geoespaciais de origem federal, estadual, distrital e municipal, em proveito do desenvolvimento do País;
II. promover a utilização, na produção dos dados geoespaciais pelos órgãos públicos das esferas federal, estadual, distrital e municipal, dos padrões e normas homologados pela Comissão Nacional de Cartografia (CONCAR);
III. evitar a duplicidade de ações e o desperdício de recursos na obtenção de dados geoespaciais pelos órgãos da administração pública, por meio da divulgação dos metadados [conjunto das informações descritivas] relativos a esses dados disponíveis nas entidades e nos órgãos públicos das esferas federal, estadual, distrital e municipal.

Com o intuito de facilitar o acesso e o compartilhamento de dados e informações geoespaciais, foi criado o Diretório Brasileiro de Dados Geoespaciais (DBDG), disponível no Portal Brasileiro de Dados Geoespaciais – SIG Brasil. Esse diretório foi estruturado em três camadas: camada de aplicação, intermediária e dos servidores. Destaca-se a camada intermediária, que tem várias funções relacionadas aos usuários, tais como: controlar o acesso às informações dos catálogos globais; processar as requisições; agregar metadados dos servidores remotos; possibilitar o acesso ao DBDG; proporcionar a manutenção do DBDG; manter o registro dos servidores de dados geoespaciais; proporcionar dados estatísticos sobre o funcionamento do DBDG (Concar, 2010).

Antes da disseminação dos bancos de dados geográficos, o *shapefile*, formato vetorial criado pela Environmental Systems Research Institute (Esri[i]), foi largamente utilizado na comunidade SIG, pois todo *software* de SIG lê e cria o arquivo, contribuindo para a sua popularização mediante seu compartilhamento (Willmer, 2009). De acordo com a Esri, os arquivos *shapefile* têm várias características, como "armazenar a posição, forma (ponto, linha, polígono) e atributos de feições geográficas; contêm feições com dados associados; pouca sobrecarga de processamento e edições mais rápida; necessita de pouco espaço em disco para gravar os arquivos; atributos armazenados em arquivo de Base" (Zeiler, 2000, p. 2, tradução nossa).

Apesar dos avanços proporcionados pelo *shapefile* para o SIG, sabe-se que esse formato de arquivo tem algumas limitações: o fato de ser monousuário, ou seja, permitir a edição de apenas um usuário por vez; ter relacionamento 1:1, isto é, cada registro de atributo tem um relacionamento de um para um com o registro da feição geométrica; ter arquivos com, no máximo, 4 GB ou 4 bilhões de registros; ter a limitação de 10 caracteres no nome dos arquivos e conter entre 257 a 2.038 campos para os registros (Willmer, 2009).

Tradicionalmente, os dados em SIG foram armazenados em *shapefile,* mas, com o avanço das geotecnologias e da crescente necessidade de o geoprocessamento tratar e analisar grandes volumes de dados por meio das técnicas computacionais, são utilizados bancos de dados geográficos com gerenciadores (Sistema de Gerenciamento de Banco de Dados – SGBD). O banco de dados geográficos, como o próprio nome diz, armazena dados coletados

---

i. A Esri é uma empresa norte-americana, fundada em 1969 por Jack e Laura Dangermond, especializada na elaboração de *softwares* GIS, como o ArcGis.

relativos aos fenômenos e aos processos do mundo real, passíveis de serem espacializados.

Segundo Câmara et al. (1997), para a criação de um banco de dados geográficos, devem ser coletados dados referentes aos fenômenos e [processos] necessários à modelagem; em seguida, é preciso corrigir eventuais erros decorrentes do processo de coleta e executar o georreferenciamento com o objetivo de definir a localização do conjunto de dados; isso permite, por fim, efetivar a fase de operação, por meio da qual, de posse dos dados armazenados, são criadas representações da realidade.

Importante ressaltar que, quando se referem às modelagens, Câmara et al. (1997) tratam do processo de abstrair os fenômenos e [processos] do mundo real, a fim de criar a organização lógica do banco de dados. Para os autores, a organização lógica e a modelagem do banco de dados devem ser descritas pelo modelo de dados e suas respectivas ferramentas. Desse modo, a modelagem determina as operações necessárias para descrever e simular os fenômenos e [processos] e, consequentemente, define os dados necessários para o procedimento.

Os bancos de dados que têm um sistema de gerenciamento (SGBD), além das características e funções descritas, também contam com os seguintes atributos, conforme Ferreira et al. (2005, p. 182):

> facilidade de uso, a modelagem do banco de dados deve refletir a realidade das aplicações, e o acesso aos dados deve ser feito de forma simples; correção, os dados armazenados no banco de dados devem refletir um estado correto da realidade modelada; facilidade de manutenção, alterações na forma de armazenamento dos dados devem afetar as aplicações o mínimo

possível; confiabilidade, atualizações não devem ser perdidas e não devem interferir umas com as outras; segurança, o acesso aos dados deve ser controlado de acordo com os direitos definidos para cada aplicação ou usuário; desempenho, o tempo de acesso aos dados deve ser compatível com a complexidade da consulta.

Para as aplicações geográficas, recomenda-se o uso do SGBD objeto-relacional, uma vez que foram criados para representar e manipular dados complexos. Esse tipo de gerenciador utiliza o modelo relacional de dados, por meio do qual o banco de dados deve ser organizado como uma coleção de relações, e oferece o sistema de tipos de dados que propicia facilidades na linguagem de consulta. De modo geral, segundo Ferreira et al. (2005), a Structured Query Language (SQL) corresponde à linguagem mais adotada nos SGBD, porque tem a linguagem de definição de dados (DDL), com comandos para criar índices e definir, modificar e remover tabelas, e a linguagem de manipulação de dados (DML), com comandos para consultar, inserir, modificar e remover dados do banco de dados. Por tais características, atualmente, o Oracle Spatial e PostgreSQL representam os SGBD objetos-relacionais mais utilizados nas aplicações envolvendo SIG.

O PostgreSQL trata-se de um gerenciador de banco de dados, criado pela equipe de Michael Stonebraker, na Universidade da Califórnia, Berkeley. Esse sistema gerenciador tem as vantagens de ser obtido de forma gratuita, com código-fonte aberto[ii]. Há, ainda, a possibilidade de instalar a extensão PostGIS (Postgis, 2019) também com código-fonte aberto, para gerenciar as informações

---

ii. Esse código-fonte é disponibilizado em: <https://www.postgresql.org/>. Acesso em: 7 out. 2019.

geoespaciais. Conforme Queiroz e Ferreira (2006), os dados espaciais fornecidos por essa extensão têm a geometria formada por um único elemento (ponto, linha ou polígono), por um conjunto homogêneo (multipontos, multilinhas ou multipolígonos) ou por um conjunto heterogêneo (coleção de elementos únicos ou homogêneos).

Já a extensão do Oracle Spatial, conforme Chuck Murray (2003), foi desenvolvida para o SGBD Oracle. Essa extensão contém um conjunto de funcionalidades e procedimentos que permitem armazenar, acessar, consultar e manipular dados espaciais em um banco de dados. De acordo com Queiroz e Ferreira (2006), o modelo de dados baseia-se em elementos, geometria e planos de informação (*layers*). Os elementos têm o formato de ponto, linha ou polígono; a geometria é formada por um único elemento ou por um conjunto homogêneo ou heterogêneo de elementos; e os planos de informação são formados pelo agrupamento das geometrias.

Essa nova geração de SGBD objetos-relacionais tem propiciado a construção do SIG, por meio do qual esses sistemas gerenciam os atributos e a geometria de dados. Sendo assim, faz-se necessário encontrar formas de utilizar a nova geração de SGBD, atrelada aos dados espaciais. Inseridos nesse contexto, pesquisadores do Instituto Nacional de Pesquisas Espaciais (Inpe) estão desenvolvendo a TerraLib, uma biblioteca de *software* livre para os aplicativos geográficos. Para isso, "existe um módulo central composto de estruturas de dados espaços-temporais, suporte a projeções cartográficas, operadores espaciais, interface entre os dados e o SGBD e mecanismos de visualização" (Vinhas; Ferreira, 2005, p. 395-396). Há, ainda, o módulo destinado às funções de análise espacial. Tendo isso em vista, tem-se como objetivo compatibilizar os SGBD objetos-relacionais em uma interface gráfica – usuários e a TerraLib.

4.3 Banco de dados e representações gráficas

A coleta de dados deve envolver um rigoroso controle na aplicação das técnicas, a fim de evitar a inconsistência de dados levantados na observação e na medição errôneas (condições adversas ao trabalho de campo), o registro insuficiente dos dados ou a investigação tendenciosa dos dados. Por isso, o pesquisador precisa estar consciente de que a adoção de uma técnica implica em minimizar suas limitações em prol do desenvolvimento da pesquisa. Para isso, é de suma relevância que a coleta de dados seja realizada em conformidade com os procedimentos indicados para aquela técnica.

Além disso, o pesquisador deve fazer uma análise meticulosa dos dados coletados, a fim de verificar falhas (excesso ou ausência de dados) que possam gerar informações confusas, distorcidas ou incompletas. Caso seja necessário, deve-se retornar ao campo e/ou reaplicar a técnica, com o objetivo de obter dados confiáveis e verídicos, na busca da resultados satisfatórios para a pesquisa.

Concluída essa etapa, os dados podem ser codificados, ou seja, aqueles que se relacionam devem ser categorizados por meio de símbolos, a fim de terem caráter quantitativo. A codificação exige critérios e normas, que são definidos pelo pesquisador; por isso, essa técnica não pode ser executada de forma automática. De modo geral, o processo de codificação abrange duas etapas: na primeira etapa, ocorre a classificação dos dados com o intuito de agrupá-los em classes; na segunda, atribui-se um código, um número ou uma letra com significados próprios (Marconi; Lakatos, 2010).

Os dados também podem ser dispostos em tabelas, com a finalidade de facilitar o estabelecimento das inter-relações entre eles. Esse processo subsidia a aplicação de análises estatísticas utilizadas para comprovar essas relações, bem como para criar representações gráficas com base nos dados iniciais. Para isso, a tabulação pode ser realizada a mão ou no computador. Atualmente, observa-se o uso cada vez maior da tabulação mecânica mediante o uso de *softwares*, como, por exemplo, o Excel. Nesse caso, o pesquisador elabora as tabelas com economia de tempo e esforço, além de diminuir a margem de erro dos resultados. Há, ainda, a possibilidade de as tabelas serem inseridas em um banco de dados, garantindo praticidade e segurança no armazenamento dos dados.

Com base na manipulação dos dados nas análises estatísticas, iniciam-se as etapas de análise e de interpretação, com vistas a obter resultados que comprovem ou refutem as hipóteses formuladas. Por *análise*, entende-se o estabelecimento de relações entre o fenômeno e o processo estudado e seus respectivos fatores ou variáveis. Marconi e Lakatos (2010, p. 151) definiram três níveis para a elaboração da análise:

- » Interpretação: verificação das relações entre as variáveis (independente e dependente) para ampliar o conhecimento sobre o fenômeno ou [processo].
- » Explicação: esclarecimento sobre a origem da variável dependente e necessidade de encontrar a variável antecedente.
- » Especificação: explicitação sobre a validade das relações (como, onde, quando) entre as variáveis (independente e dependente).

Importante relembrar que o pesquisador se torna responsável pelos resultados gerados por meio da análise e da interpretação dos dados; por isso, deve estar ciente de que algumas limitações podem comprometer o sucesso da investigação científica.

Best (1972) aponta alguns desses aspectos:

» **tabulação**: realizada de forma descuidada, gera cálculos errôneos;
» **procedimento estatístico**: executado com pouco conhecimento, ocasiona conclusões equivocadas;
» **erros de cálculo**: decorrentes de um grande conjunto de dados e aplicações de várias operações;
» **imparcialidade do pesquisador**: oriunda da omissão de resultados desfavoráveis e da valorização dos resultados favoráveis.

Ciente desses aspectos, o pesquisador fará a interpretação dos dados, relacionando-os com a fundamentação teórica, a fim de encontrar respostas para os objetivos propostos. Nesse momento, há a possibilidade de desenvolver modelos e esquemas para demonstrar a relação numérica entre o fenômeno e o processo estudado e seus respectivos fatores ou variáveis.

Outra possibilidade para auxiliar na interpretação dos dados consiste em organizá-los em forma de tabelas, quadros ou gráficos. Comumente, utilizam-se números para a construção de tabelas e gráficos e palavras e/ou frases para a elaboração de quadros, sendo permitida a inserção de dados numéricos. Para a elaboração dessas representações, são utilizados somente dados necessários que facilitam o entendimento, pois a inserção de dados em excesso não garante cientificidade e acaba dificultando a compreensão dos leitores.

Nas **tabelas** e nos **quadros**, os dados sintetizados oferecem uma visão global da realidade. Essa organização sistemática permite que o pesquisador interprete de forma mais objetiva relações, diferenças e semelhanças entre os dados apresentados graficamente.

Para isso, segundo Crespo (1995), o pesquisador deve estar atento aos componentes necessários à elaboração da tabela:

- **linhas**: são retas imaginárias no sentido horizontal para facilitar a leitura dos dados;
- **corpo**: é composto do conjunto de linhas (horizontais) e colunas (verticais);
- **coluna indicadora**: descreve o conteúdo das linhas;
- **célula**: equivale ao cruzamento de um linha com uma coluna destinado a um dado;
- **cabeçalho**: refere-se ao título das colunas;
- **título**: é localizado no topo da tabela e indica todo o conteúdo da tabela (fato observado, forma de análise, local e ano);
- **rodapé**: consiste na inserção da fonte e das notas

Os **gráficos** também correspondem a uma forma de apresentação dos dados utilizados pelo pesquisador para constatar visualmente as relações demonstradas entre os dados. Com o intuito de obter um gráfico realmente útil ao pesquisador, a elaboração, segundo Crespo (1995), necessita seguir certos critérios:

- **simplicidade**: só deve apresentar detalhes importantes para não dificultar a interpretação dos dados;
- **clareza**: deve possibilitar uma correta interpretação dos dados;
- **veracidade**: deve expressar a verdade sobre o fenômeno ou o processo estudado.

Além disso, o pesquisador precisa selecionar o tipo de gráfico que atende ao objetivo da pesquisa.

De modo geral, conforme Marconi e Lakatos (2010), os gráficos estatísticos são agrupados em dois grandes grupos: **gráficos informativos**, que têm como objetivo demonstrar a situação real, atual, do problema estudado, e **gráficos analíticos**, que têm a finalidade de informar a situação, bem como fornecer elementos de interpretação (cálculos, inferências e previsões). Nesse grupo de gráficos, estão inseridos os diagramas, os cartogramas e os pictogramas. Os **diagramas** correspondem aos gráficos geométricos com até duas dimensões, geralmente com a utilização do plano cartesiano. Exemplos: gráfico em linha ou curva, gráfico em coluna ou barra e gráfico polar. Os **cartogramas** têm como objetivo atrelar dados estatísticos com áreas geográficas, conforme a Figura 4.2; nos **pictogramas**, a representação gráfica ocorre por meio de figuras, como demonstrado na Figura 4.3.

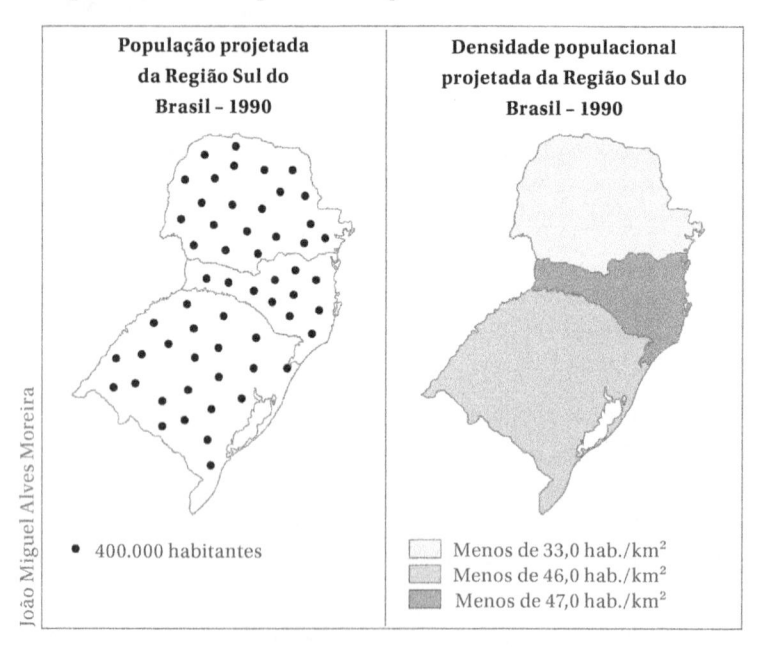

Figura 4.2 - Exemplo de cartograma

População projetada da Região Sul do Brasil - 1990

• 400.000 habitantes

Densidade populacional projetada da Região Sul do Brasil - 1990

Menos de 33,0 hab./km²
Menos de 46,0 hab./km²
Menos de 47,0 hab./km²

João Miguel Alves Moreira

Figura 4.3 – Exemplo de pictograma

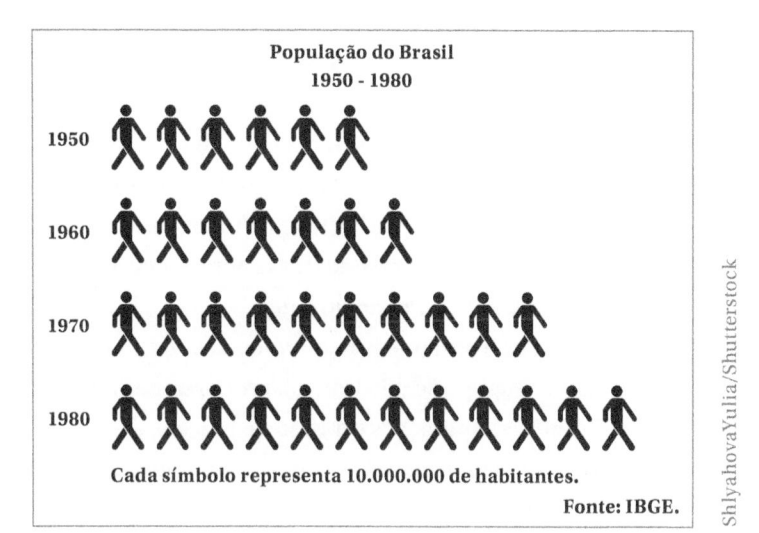

```
          População do Brasil
             1950 - 1980

1950   🚶🚶🚶🚶🚶🚶

1960   🚶🚶🚶🚶🚶🚶🚶

1970   🚶🚶🚶🚶🚶🚶🚶🚶🚶🚶

1980   🚶🚶🚶🚶🚶🚶🚶🚶🚶🚶🚶🚶

   Cada símbolo representa 10.000.000 de habitantes.
                                      Fonte: IBGE.
```
ShlyahovaYulia/Shutterstock

Fonte: Crespo, 1995, 48.

Portanto, os gráficos representam os dados com ênfase no aspecto visual; as tabelas demonstram os valores exatos; e os quadros apresentam um teor esquemático e descritivo. O pesquisador pode optar entre a tabela, o gráfico e o quadro para representar os dados, objetivando não repetir os mesmos dados em diferentes formas de representação. Outro ponto importante consiste em padronizar dados, unidades, símbolos e siglas nas tabelas, quadros e gráficos, em conformidade com aqueles utilizados no texto. Ainda com relação às tabelas e aos quadros, devem ser preenchidas todas as células ou espaços; por isso, é importante consultar as normas para simbolizar, por exemplo, falta de dados, valor numérico nulo, dado desconhecido, entre outros. Em caso de dúvidas, é válido recorrer a leitura da NBR 14724 (ABNT, 2002c), que estipula as regras para a elaboração de trabalhos acadêmicos.

As tabelas, os quadros e os gráficos também apresentam os resultados da pesquisa. Assim, as tabelas permitem apresentar os resultados em valores exatos. A estrutura simples e objetiva, atrelada aos resultados logicamente ordenados, propicia fácil compreensão da tabela, dispensando consulta ao texto. Os quadros possibilitam organizar as palavras, as frases e/ou os números (caso necessário), dispostos em linhas e colunas, a fim de categorizar os resultados para descrevê-los. Essa apresentação objetiva dos resultados possibilita um rápido entendimento. Já os gráficos apresentam dinamicamente os resultados, demonstrando, por exemplo, tendência (gráfico de linhas), proporcionalidade (gráfico de círculo) e comparações (gráfico de barras). Geralmente, eles se tornam uma alternativa eficiente para representar resultados tabulares de difícil compreensão.

Todos esses procedimentos referem-se a apenas uma maneira de analisar e interpretar a realidade. Conforme Freire-Maia (2000), para entender a realidade, deve-se levar em consideração o dogma da **insegurança** e da **incredulidade**. O primeiro elucida que a ciência não assegura certeza; o segundo explica que os resultados das pesquisas científicas podem conter dúvidas. Desse modo, o autor defende que a verdade científica somente é "verdade" nos limites do processo em que foi construída, sendo possível aparecer outra "verdade" em outra investigação científica que assuma o lugar da anterior.

4.4 Construção de mapas em ambiente SIG

A provável origem do termo *mapa* é atribuída à civilização cartaginesa, que, ao discutir sobre as rotas, os caminhos e as localidades relativos à navegação e ao comércio, rabiscava diretamente nas toalhas (*mappas*), dando origem ao termo (Oliveira, 1993). Os mapas correspondem a representações gráficas, geralmente em superfície plana e em escala pequena, de uma porção da superfície terrestre dotada de características geográficas. Dessa forma, de acordo com Santos (2004), um mapa possibilita observar as localizações, as extensões e as relações entre os componentes e os padrões de distribuição.

A representação deve ser metodicamente planejada e executada, para que cumpra seu papel de fornecer orientação espacial e traduzir, com a máxima veracidade, a **configuração espacial**. Sendo assim, os mapas servem para comunicar, de modo claro e objetivo, as informações relativas a determinado espaço geográfico. Entretanto, percebe-se que, em muitos casos, o mapa não tem cumprido sua função social.

Archela e Théry (2008) atribuem essa situação ao acesso irrestrito às ferramentas tecnológicas desenvolvidas para a análise de dados espaciais, atreladas ao desconhecimento dos procedimentos necessários à representação cartográfica. Além disso, esses autores entendem que há uma busca por métodos que representem os processos complexos da contemporaneidade, mediante os SIGs, que dispõem de ferramentas úteis para a produção de mapas.

Os SIGs armazenam os dados coletados para integrá-los por meio da análise espacial, objetivando produzir mapas com base em critérios definidos pelo pesquisador e nas ferramentas disponíveis no *software*, destinadas às representações temáticas. Os mapas são classificados conforme o fenômeno representado e sua função. De acordo com Friedmann (2008), os **mapas de referência** geral apresentam maior ênfase na posição dos elementos representados, ao passo que os **mapas temáticos** representam a distribuição de um fenômeno. Assim sendo, os mapas temáticos distinguem-se dos mapas de referência geral por representarem fenômenos de natureza física ou humana, distribuídos sobre a superfície terrestre.

Os mapas temáticos são elaborados com o intuito de comunicar *o que*, *onde* e *como ocorre* determinado fenômeno geográfico. Os mapas precisam ser elaborados de acordo com uma linguagem gráfica que utilize elementos visuais, como símbolos gráficos, para facilitar a compreensão de diferenças e semelhanças visualizadas pelos leitores do mapa (Archela; Théry, 2008; Sampaio; Brandalize, 2018).

Nesse sentido, existe a **semiologia gráfica**, caracterizada como um sistema de comunicação gráfica que estabelece a relação entre o significado da mensagem que se tem a intenção de transmitir e os elementos visuais usados na comunicação. Desse modo, segundo Sampaio e Brandalize (2018), os dados armazenados em ambiente SIG podem ser transcritos por meio das variáveis visuais, mediante o emprego dos recursos gráficos disponibilizados pelo *software*.

Dessa forma, são utilizados:

» **variáveis de tamanho**: correspondem ao tamanho do elemento;
» **valores**: relacionam-se à variação da tonalidade ou da sequência monocromática;
» **cores**: referem-se às cores com a mesma intensidade;
» **orientação**: diz respeito às variações de posição;

- » **granulação**: corresponde à manutenção da mesma proporção de preto e branco;
- » **forma**: agrupa todas as variáveis.

Entretanto, Sampaio e Brandalize (2018) alertam que os *softwares* não têm todas as variáveis visuais, como a granulação, por exemplo, que, por exigir um efeito vibratório, não consta nos principais *softwares* do mercado (ArcGis, QGIS e MapInfo).

Outra proposta da semiologia gráfica baseia-se na relação entre a extensão dos fenômenos da realidade e o modo de implantação, seja pontual, seja linear, seja zonal. Na **implantação pontual**, valoriza-se a localização precisa do fenômeno; na **implantação linear**, estabelece-se o traçado de acordo com o comprimento do fenômeno; na **implantação zonal**, o fenômeno pode ser representado por uma superfície homóloga.

Já em ambiente SIG, os fenômenos correspondem a elementos armazenados e representados por pontos, linhas, polígonos e *pixels*. Sampaio e Brandalize (2018) reforçam que os SIGs proporcionaram alterações na forma de armazenar, tabular, processar e representar os dados geoespaciais. Sendo assim, pode-se ter uma forma de representação na armazenagem que difere da representação final dos mapas.

Além disso, a semiologia gráfica também preconiza o uso de variáveis qualitativas, quantitativas e ordenadas. A representação de elementos que diferem entre si, em um mesmo conjunto, abrange as **variáveis qualitativas**. Quando ocorre a distinção de cada elemento do conjunto, caracteriza-se a **seletividade dissociativa**; nos casos em que os elementos apresentam diferenças, mas também características comuns em relação ao conjunto, configura-se a **seletividade associativa**. As principais variáveis visuais utilizadas para representar variáveis qualitativas em SIG referem-se à cor e à forma, sendo possível aplicá-las nos dados e nos modos de implantação.

As **variáveis quantitativas**, como o nome indica, correspondem aos valores numéricos (absolutos, relativos, normalizados e porcentagens), que caracterizam o elemento em si ou em relação ao conjunto. Sendo assim, geralmente, utiliza-se o tamanho para representá-los, pois as figuras geométricas demonstram a quantidade, conforme a proporcionalidade do seu formato.

No caso das **variáveis ordenadas**, os elementos são classificados de acordo com uma hierarquia qualitativa, quantitativa ou temporal. Nos SIGs, são ordenados o tamanho, o valor e a cor.

A elaboração de mapas temáticos, livres de polissemia e imperceptibilidade, também contempla a escolha dos métodos de mapeamento. Desse modo, esses métodos baseiam-se no nível de organização dos dados (qualitativos, quantitativos e ordenados), assim como nas variáveis visuais utilizadas para representá-los.

Assim, ao serem mapeados os fenômenos qualitativos, são utilizadas as variáveis *cor* e *forma* no formato pontual, linear ou zonal. Como exemplo, podem ser citados mapas relativos à rede viária ou à hidrografia. Nos fenômenos quantitativos, usa-se a variável visual *tamanho* no formato pontual ou zonal. Por isso, representam dados absolutos, tais como: número de habitantes e renda. Comumente, nesses fenômenos, utilizam-se círculos proporcionais aos valores ou às quantidades representadas. Já os fenômenos ordenados devem ser representados de acordo com a hierarquia e utilizam a variável *valor* na implantação zonal, como os mapas de densidade demográfica. A Figura 4.4 demonstra as variáveis visuais representativas dos fenômenos, em conformidade com o modo de implantação (Archela; Théry, 2008).

Figura 4.4 – Representação das variáveis visuais

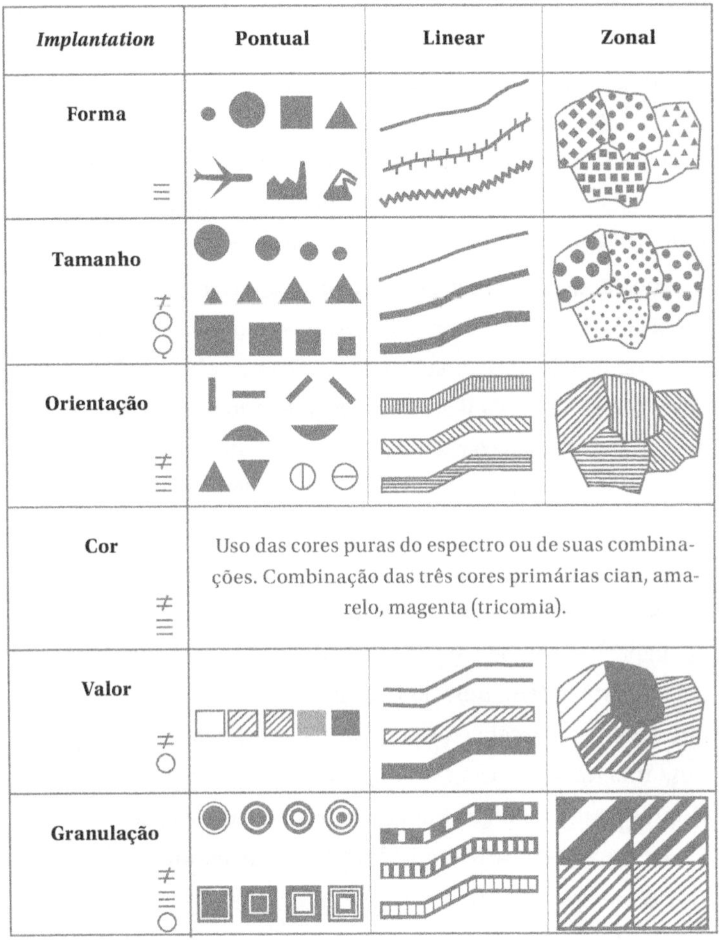

Implantation	Pontual	Linear	Zonal
Forma ≡			
Tamanho ≠ ○ ○̸			
Orientação ≠ ≡			
Cor ≠ ≡	Uso das cores puras do espectro ou de suas combinações. Combinação das três cores primárias cian, amarelo, magenta (tricomia).		
Valor ≠ ○			
Granulação ≠ ≡ ○			

Valor da percepção

≡ associativo ≠ seletiva ○ ordenada ○̸ quantitativa

Fonte: Joly, 2005, citado por Archela; Théry, 2008, p. 4.

A sistematização das informações no mapa exige estabelecer em que nível de detalhe os fenômenos foram representados. Nesse contexto, está inserida a noção de escala, caracterizada como a relação entre a distância de dois pontos quaisquer do mapa e a correspondente distância real da superfície terrestre. Com isso, de acordo com Friedmann (2008), a escala pequena (denominador grande) tem a finalidade de acomodar uma grande área (real) em uma pequena área (representativa). Por isso, ocorre uma maior seleção da informação e, consequentemente, uma redução da simbologia, em conformidade com a precisão requerida; já na escala grande (denominador pequeno), a representação da realidade tende a ser mais objetiva. Nesse caso, observa-se que os elementos representados nos mapas têm maiores detalhes, de acordo com a escala.

No mapa, a escala deve ser inserida de forma numérica ou gráfica. Esta última tem a vantagem de acompanhar a redução ou a ampliação do mapa em meio digital. Com isso, preserva-se a proporcionalidade das dimensões dos elementos representados no mapa. Isso também permite ao pesquisador visualizar a escala em que está trabalhando naquele momento. Outro procedimento que abrange a escala compreende a generalização cartográfica, fundamentada em processos de simplificação e alteração dos elementos de um mapa de uma escala para outra inferior.

De modo geral, um mapa deve conter os seguintes elementos cartográficos:

- **título**: refere-se ao tema do mapa, ao local de ocorrência do fenômeno e ao ano ou período;
- **legenda**: descreve os elementos representados no mapa (mesma cor, tamanho, forma etc.);
- **orientação**: indica a direção do norte geográfico;
- **escala numérica e/ou gráfica**: auxilia a determinar as distâncias no mapa;

» **fonte:** indica a origem dos dados;
» **dados técnicos:** apresentam a projeção cartográfica e o sistema de referência;
» **autor:** denomina o responsável pela elaboração do mapa.

Observe a Figura 4.5, que exemplifica um mapa com os elementos cartográficos.

Figura 4.5 – Exemplo de mapa com elementos cartográficos

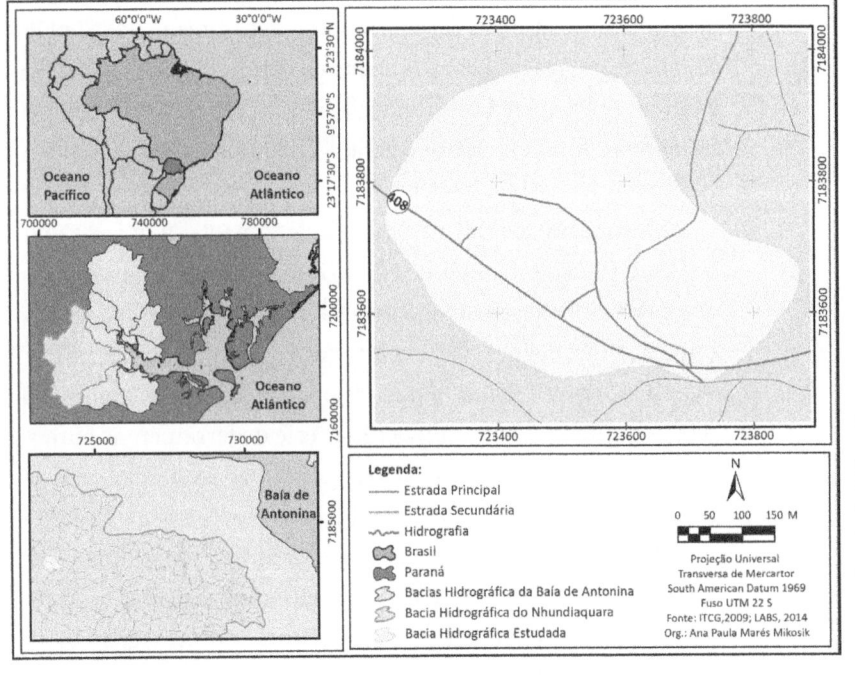

Fonte: Mikosik, 2015, p. 18.

Orientações relativas ao uso da escala, das projeções cartográficas, dos sistemas de coordenadas e dos elementos de representação podem ser encontradas em *Noções Básicas de Cartografia* (IBGE, 1998), as quais fornecem orientações para a elaboração de mapas, de acordo com as convenções cartográficas. Importante ressaltar que as diretrizes e bases da cartografia brasileira ficam a cargo da Comissão Nacional de Cartografia (Concar), vinculada ao Ministério do Planejamento.

Todas as etapas necessárias à elaboração de mapas são executadas em ambiente SIG com a utilização de *softwares*. Os *softwares* têm programas, geridos por um sistema operacional (por exemplo, Windows e Linux), que permitem a execução de operações de geoprocessamento, de forma rápida, eficaz e segura. Assim, a realização dessas operações, conforme Rosa (2005, p. 82), exige *softwares* com as seguintes propriedades: "a) coleta, padronização, entrada e validação; b) armazenamento e recuperação dos dados; c) análise e geração de informação; d) saída e apresentação dos resultados".

Nas análises geográficas, os *softwares* mais utilizados são o ArcGis, o IDRISI, o MapInfo, o SPRING e, mais recentemente, o QGIS.

O ArcGis foi desenvolvido pela Esri para realizar análises em ambiente SIG. Ele possui uma interface gráfica que permite carregar dados geoespaciais para serem visualizados em mapas, tabelas e gráficos; disponibiliza uma série de ferramentas para a manipulação e análise dos dados, assim como para a elaboração de mapas com *layouts* de alta qualidade.

O IDRISI tem a vantagem de reunir ferramentas típicas de programas mais robustos em um único *software*, como, as ferramentas de SIG, de sensoriamento remoto e de processamento digital de imagens (PDI).

O MapInfo é um *software* do tipo *desktop mapping*, que possibilita associar dados alfanuméricos com dados geográficos tanto com a finalidade de visualizá-los quanto de examiná-los.

As análises no mapa podem ser realizadas com o uso da extensão SQL no SGBD.

O SPRING foi desenvolvido pelo Inpe com o objetivo de proporcionar à comunidade brasileira um SIG de interface interativa para facilitar a utilização em diversas aplicações. Por isso, fornece ferramentas de geoprocessamento e sensoriamento remoto destinadas à análise espacial, consulta a banco de dados, modelagem numérica do terreno e processamento de imagens.

Atualmente, o QGIS tem sido amplamente utilizado nas análises geográficas, pois trata-se de um *software* livre, com código aberto, com uma plataforma de SIG *desktop*, que permite visualizar, explorar, gerir e exportar dados, bem como criar, editar, analisar e publicar informações geoespaciais.

Em ambiente SIG, a efetividade da análise está diretamente relacionada com os produtos cartográficos tanto como base cartográfica para a obtenção de dados quanto como resultado de sua integração. Por meio da integração e da análise realizada pelo pesquisador, os dados tornam-se informações a serem representadas nos mapas. Desse modo, os mapas correspondem à principal fonte de dados de um SIG (Lisboa Filho; Iochpe, 1996), assim como configuram-se em um ambiente propício à elaboração de mapas, com base nas geotecnologias que combinam cartografia e banco de dados.

Importante!

Os SIGs relacionam e analisam dados, tornando-se uma maneira eficiente para o estabelecimento de relações entre os fenômenos e suas respectivas localizações geográficas. Por isso, subsidiam a gestão dos problemas encontrados no espaço geográfico, objetivando aplicar a nova abordagem de gestão, que consiste em gerir geograficamente os espaços, pautada no cenário atual ou futuro, gerado em ambientes SIGs. Essa tomada de decisão geográfica exige o cumprimento das etapas necessárias à aplicação dos SIGs, sendo elas: identificar e localizar o problema a ser resolvido; adquirir os dados necessários para o desenvolvimento do projeto; organizar os dados e estar ciente da qualidade deles; determinar o método de análise escolhido e apresentar os resultados (mapas, gráficos, tabelas e relatórios) ao público-alvo.

Síntese

Explicamos, neste capítulo, o uso dos SIGs na geografia. Relacionamos as vantagens desse sistema no tocante à integração e à análise dos dados e das informações geoespaciais. Discutimos as formas de armazenamento em formato *shapefile* ou em bancos de dados SGBD. Além disso, enfatizamos que os dados e as informações armazenados no banco de dados podem compor tabelas, quadros, gráficos e afins. Para fechar o capítulo, comentamos as funções de processamento, destinadas à análise espacial, assim como a facilidade de elaborar mapas em ambiente SIG, em vista da interface interativa dos *softwares* com os usuários.

Indicações culturais

BRASIL. INDE – Infraestrutura Nacional de Dados Espaciais. Disponível em: <http://www.inde.gov.br/geo-servicos.html>. Acesso em: 7 out. 2019.

Portal que proporciona ao usuário a consulta e o acesso aos dados e metadados geoespaciais.

IBGE Cidades@. **WebCart beta**. Disponível em: <https://www.ibge.gov.br/webcart/>. Acesso em: 25 maio 2019.

O IBGE disponibiliza uma ferramenta simplificada para criação de cartogramas com base nos dados contidos no canal Cidades@.

SILVA, J. X. da. O que é geoprocessamento? **Revista CREA-RJ**, Rio de Janeiro, p. 42-44, out./nov. 2009. Disponível em: <http://www.ufrrj.br/lga/tiagomarino/artigos/oqueegeoprocessamento.pdf>. Acesso em: 7 out. 2019.

O autor discute o conceito de geoprocessamento ao diferenciá-lo das geotecnologias.

SMITH, M. J. de; GOODCHILD, M. F.; LONGLEY, P. A. **Geospatial Analysis**. 6th edition, 2018. Disponível em: <https://www.spatialanalysisonline.com/HTML/index.html>. Acesso em: 7 out. 2019.

O guia escrito por Michael J. de Smith, Michael F. Goodchild e Paul A. Longley apresenta conceitos, métodos e ferramentas disponíveis e largamente utilizados em softwares comerciais modernos (ArcGis, QGis, Idrisi, entre outros). Para isso, os autores exemplificam o uso da análise espacial e das técnicas de modelagem em ambiente SIG por meio de problemas geoespaciais.

Atividades de autoavaliação

1. Segundo Longley et al. (2013), há controvérsias na história dos SIGs, pois esses sistemas se desenvolveram em várias partes do mundo (América do Norte, Europa e Austrália) de forma concomitante. Entretanto, há consenso na comunidade científica sobre o surgimento do primeiro SIG, assim como sobre

suas principais características e aplicações. Sabendo disso, analise as afirmativas a seguir e assinale (V) para as verdadeiras e (F) para as falsas:

( ) O geógrafo Roger Tomlinson foi o primeiro pesquisador a utilizar o termo *Geographic Information Systems* (GIS).
( ) SIG pode ser conceituado como um conjunto de procedimentos usados no armazenamento e na manipulação de informação geoespacial.
( ) SIG diferencia-se do GIS com relação ao sistema integrado de dados.
( ) O ambiente SIG permite integrar em um único banco de dados, informações espaciais (dados cartográficos, dados censitários, imagens de satélite e *raster*).
( ) O SIG funciona como um banco de dados geográficos capaz de dar suporte à análise espacial e à produção de mapas.

Agora, assinale a alternativa que contém a sequência correta:
a) F, F, V, F, F.
b) V, F, V, F, V.
c) F, V, F, V, F.
d) V, F, V, F, F.
e) V, V, F, V, V.

2. Para a realização de um trabalho, a escolha do SIG está relacionada aos tipos de dados e informações, às funções de processamento e às características e tamanho do banco de dados (Santos, 2004). Todavia, sabe-se que todos os SIGS têm componentes básicos. Sobre esse assunto, assinale a alternativa **incorreta**:
a) O *software*, em um ambiente SIG, faz a interface com o usuário.

b) O ambiente SIG permite a entrada de dados somente por meio do registro digital direto, ou seja, por meio do uso das geotecnologias.

c) Os SIGs possibilitam realizar análises geográficas, processamento de imagens e modelagens.

d) Os bancos de dados em um ambiente SIG permitem armazenar e recuperar dados e seus atributos.

e) Em um ambiente SIG, a interface do *software* disponibiliza ferramentas para a elaboração da produção cartográfica.

3. O Decreto n. 6.666, de 27 de novembro de 2008 (Brasil, 2008), estabeleceu a criação da Infraestrutura Nacional de Dados Espaciais (Inde) e a implementação do Diretório Brasileiro de Dados Geoespaciais (DBDG) para facilitar a utilização dos dados geoespaciais em território nacional. Considerando isso, analise as afirmativas a seguir e assinale (V) para as verdadeiras e (F) para as falsas:

( ) Antes da criação da Inde, os dados, no Brasil, eram gerados e disponibilizados pelas instituições sem que houvesse uma padronização que facilitasse seu uso.

( ) Um dos objetivos da Inde é promover a geração, o armazenamento e o acesso dos dados geoespaciais em território nacional.

( ) A Inde proíbe que instituições produzam dados específicos para suprir seus objetivos e suas demandas.

( ) Um dos objetivos da Inde é evitar a duplicidade de ações e o desperdício de recursos na obtenção de dados geoespaciais pela administração pública.

( ) O DBDG foi criado com a intenção de disponibilizar dados e informações geoespaciais.

Agora, assinale a alternativa que contém a sequência correta:
a) F, V, F, V, V.
b) V, V, V, F, V.
c) V, V, F, V, V.
d) F, F, F, V, F.
e) V, F, F, V, V.

4. As tabelas e os quadros consistem em "um método estatístico, de apresentar os dados em colunas verticais ou fileiras horizontais, que obedece à classificação dos objetos ou materiais da pesquisa" (Marconi; Lakatos, 2010, p. 153). Os gráficos expõem os dados estatísticos de forma que a compreensão do fenômeno ocorra mais rapidamente (Crespo, 1995). Tendo em vista essas explicações, assinale (V) para as afirmativas verdadeiras e (F) para as falsas:

( ) Geralmente, os números são utilizados em tabelas e gráficos; já as palavras e/ou frases, na elaboração de quadros.

( ) O pictograma tem como objetivo atrelar dados estatísticos às áreas geográficas; mas, no cartograma, a representação gráfica ocorre por meio de figuras.

( ) O diagrama corresponde aos gráficos geométricos com até duas dimensões, geralmente com a utilização do plano cartesiano.

( ) A inserção de um grande volume de dados em tabelas, quadros e gráficos garante cientificidade às representações.

( ) Os gráficos analíticos têm a finalidade de informar a situação, bem como fornecer elementos de interpretação, tais como cálculos, inferências e previsões.

Agora, assinale a alternativa que contém a sequência correta:
a) F, F, V, F, V.
b) V, V, F, V, F.
c) F, F, F, V, V.
d) V, V, F, F, V.
e) V, F, V, F, V.

5. Tony Sampaio afirma que os "mapas e dados geoespaciais são abstrações generalizadas de uma das possíveis representações do espaço" (Sampaio; Brandalize, 2018, p. 8). Com o intuito de facilitar a análise dos dados e de automatizar a produção dos mapas, os geógrafos usam os SIGs. Assim, com relação à elaboração dos mapas em ambiente SIG, assinale a alternativa **incorreta**:

a) O ambiente SIG dispõe de ferramentas úteis para a produção de mapas que têm como objetivo retratar os processos complexos da contemporaneidade.
b) Os mapas temáticos representam fenômenos de natureza física ou humana, distribuídos sobre a superfície terrestre.
c) A semiologia gráfica oferece subsídios para a construção de mapas temáticos com polissemia e imperceptibilidade.
d) O nível de detalhe dos fenômenos representados no mapa determina a escala adotada.
e) Para a elaboração de mapas em ambiente SIG, o pesquisador pode utilizar *softwares*, tais como: ArcGis, IDRISI, MapInfo, SPRING e o QGIS.

Atividades de aprendizagem

Questões para reflexão

1. Ana trabalha na prefeitura do Rio de Janeiro e foi delegado a ela um trabalho sobre os movimentos de massa existentes no município. Portanto, ela deve elaborar o inventário e o mapa de risco relacionados à ocorrência de movimentos de massa. De acordo com o trabalho proposto, aponte de que forma o uso dos SIGs pode auxiliá-la.

2. Conforme estudamos, existem duas possibilidades para o armazenamento de dados vetoriais: o arquivo *shapefile* e o banco de dados com gerenciadores. Determine, nas seguintes situações, a melhor escolha para a utilização dos arquivos em *shapefile* ou em banco de dados e justifique sua resposta.
   a) José e sua equipe trabalham em uma prefeitura e precisam determinar as ocorrências de crianças matriculadas nas escolas em cada rua do município.
   b) Bia está concluindo o relatório referente ao trabalho de campo realizado no centro da cidade de São Paulo. Por isso, ela precisa fazer um mapa de localização dos pontos observados em campo.

Atividade aplicada: prática

1. Conforme vimos neste capítulo, ao elaborar mapas temáticos, o autor deve evitar a ocorrência da polissemia e da imperceptibilidade. Portanto, os métodos de mapeamento têm como objetivo representar fenômenos qualitativos, quantitativos e ordenados, em conformidade com as variáveis visuais. Desse modo, elabore o *layout* de um mapa temático que represente

a geologia, a geomorfologia, a vegetação ou a pedologia em um município escolhido.

Para isso, instale o QGIS, disponível em: <https://www.qgis.org/pt_BR/site/forusers/download.html>. Acesso em: 7 out. 2019.

Em seguida, baixe os arquivos em formato vetorial, referentes ao município e à característica física selecionada, disponíveis em:

IBGE – Instituto Brasileiro de Geografia e Estatística. **Malhas digitais**. Disponível em: <https://mapas.ibge.gov.br/bases-e-referenciais/bases-cartograficas/malhas-digitais.html>. Acesso em: 7 out. 2019.

IBGE – Instituto Brasileiro de Geografia e Estatística. **Cartas**. Disponível em: <https://mapas.ibge.gov.br/bases-e-referenciais/bases-cartograficas/cartas.html>. Acesso em: 7 out. 2019.

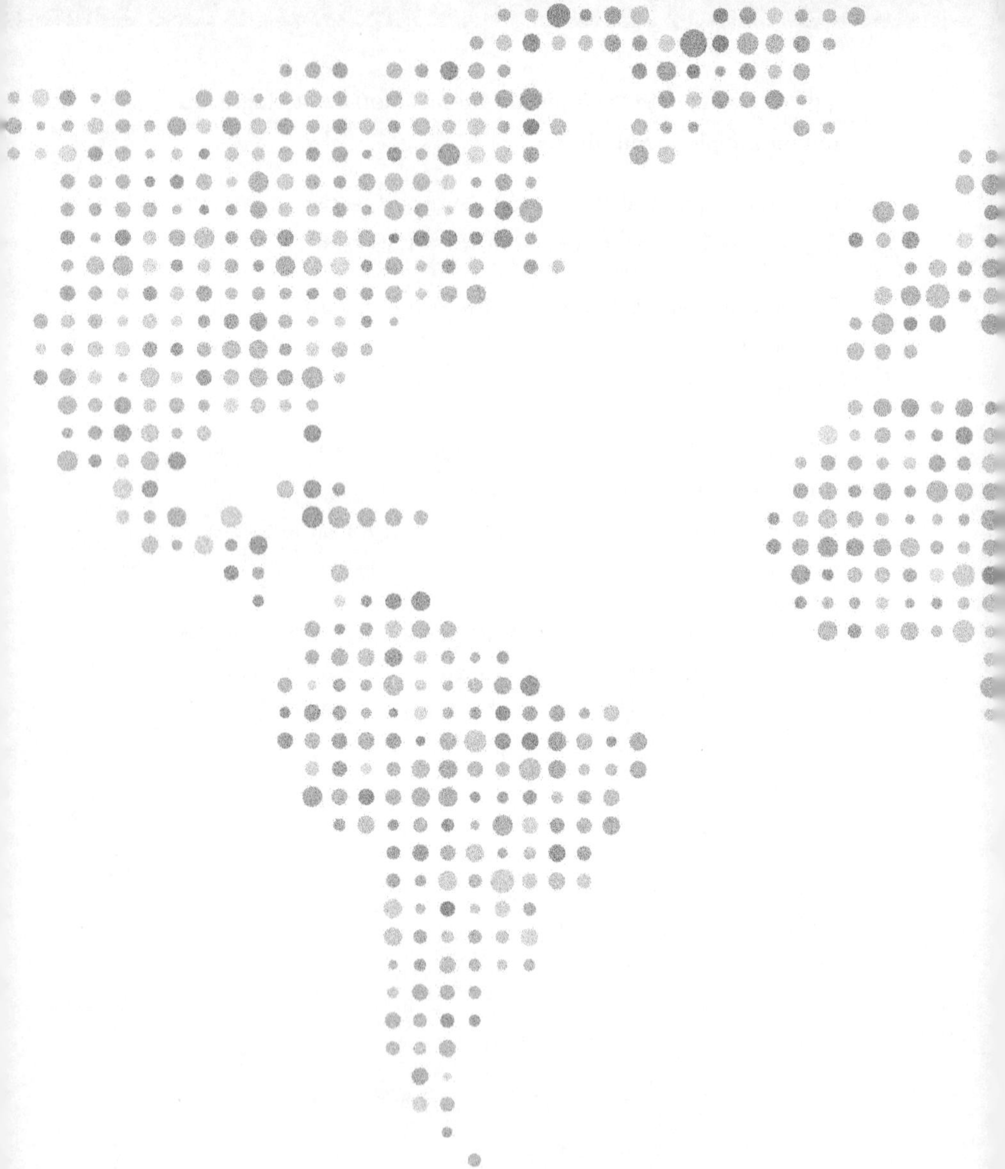

5 A construção de relatórios na geografia

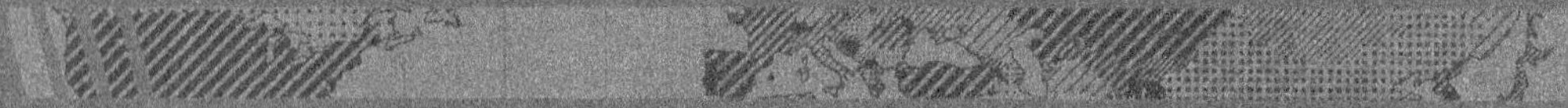

Toda pesquisa científica e todo trabalho de campo exigem, em determinado momento, o relato das atividades desenvolvidas. Por isso, o relatório tem a função de apresentar as etapas; descrever as atividades em campo e/ou laboratório; discutir os resultados com base na literatura; e finalizar com as considerações, em forma de reflexão, sobre o tema pesquisado. Desse modo, neste capítulo, trabalharemos a natureza dos relatórios na geografia, dando ênfase às particularidades dessa ciência. Destacaremos, na parte referente ao conteúdo, a linguagem adequada e a função das figuras e das tabelas como forma de mostrar os resultados. Nesse momento, apresentaremos exemplos de figuras (blocos-diagramas, perfis topográficos, perfis geoecológicos, entre outros) utilizadas comumente na geografia. Além disso, abordaremos os elementos obrigatórios presentes na estrutura dos relatórios, assim como as regras de formatação adequadas a sua respectiva apresentação.

5.1 Natureza dos relatórios

O relatório tem como objetivo apresentar a pesquisa científica ou o trabalho de campo. Dessa forma, a função desse documento é assegurar a apresentação das etapas percorridas, como a sistematização das leituras, das observações em campo e/ou no laboratório, dos resultados e discussões e das reflexões sobre o tema pesquisado. Utiliza a linguagem como auxílio para organizar o pensamento a ponto de torná-lo articulado, concatenado e claro.

Conforme Venturi (2009, p. 226), "o geógrafo não observa um mundo estático e sempre procura entender um processo"; mesmo assim, o pesquisador precisa garantir que a descrição dos fenômenos ou dos processos no relatório seja realizada com a maior objetividade possível.

Conforme Severino (2016), o relatório objetiva retratar os caminhos percorridos; descrever as atividades realizadas; expor os resultados obtidos; sintetizar as considerações, sem, no entanto, conter análises e reflexões aprofundadas. Portanto, os relatórios relacionados ao desenvolvimento de uma pesquisa científica devem demonstrar as etapas da investigação que conduziram a busca de resultados e a formulação das considerações/conclusões acerca do problema levantado. Já os relatórios de trabalhos de campo não exigem originalidade na pesquisa, pois "a maioria dos trabalhos de campo na graduação não resultam em pesquisa acabada" (Venturi, 2009, p. 230). Diante disso, as observações feitas em campo sobre os fenômenos e processos necessitam de informações complementares extraídas de outras fontes de pesquisa (livros, capítulos de livro, artigos, entre outros).

A qualidade do relatório relaciona-se ao uso adequado do material extraído de outras referências bibliográficas e à capacidade de abordá-los de forma metodológica e reflexiva para analisar os resultados obtidos. Esse processo assegura que a redação do relatório contemplará a reflexão das ideias, tão necessária ao amadurecimento da pesquisa científica ou do trabalho de campo. Sendo assim, progressivamente, o pesquisador irá desenvolvendo a redação ao complementá-la ou reformulá-la, conforme a análise do conteúdo e dos resultados obtidos.

De forma geral, nos relatórios, principalmente os direcionados ao trabalho de campo, são descritas detalhadamente as informações. Venturi (2009) destaca que a descrição minuciosa auxilia nas interpretações, correlações, avaliações e generalizações. Por isso, a ida a campo tem valioso significado ao permitir a coleta de dados e informações previamente estabelecida e/ou definida no momento. Como, geralmente, o retorno ao campo torna-se difícil (disciplina concluída, dificuldade de acesso, poucos recursos financeiros e logísticos), deve-se detalhar as informações, conforme a escala observada (rocha, perfil de solo, paisagem, espaço geográfico, entre outros).

O relatório apresenta vários níveis de detalhamento, pois depende da escala de observação e, consequentemente, das informações adquiridas. Normalmente, quanto menor a escala de observação, maior o detalhamento das informações, e vice-versa. Portanto, a observação de um perfil de solo destinado à descrição morfológica precisa, obrigatoriamente, apresentar mais informações do que o solo visto como um elemento da paisagem. Assim sendo, a escrita deve detalhar a especificidade do fenômeno ou do processo observado. Considerando isso, em vez de escrever que, durante o trabalho de campo realizado na cidade de Curitiba, no mês de junho, estava frio, por exemplo, melhor que usar a palavra *frio*, de caráter subjetivo e pouco descritivo, é registrar as temperaturas mínima e máxima registradas.

Dessa forma, o relatório também se torna um registro, pois possibilita compilar as informações do fenômeno ou do processo situado no espaço-tempo. Para isso, o pesquisador precisa trabalhar com tempo hábil, rigor científico e reflexão crítica com o intuito de elaborar um bom relatório, caracterizado pela redação formal e sucinta, pela organização impecável e pela formatação adequada às normas. Essas características garantem a efetividade e a credibilidade do relatório.

5.2 Estrutura, formatação e conteúdos dos relatórios

A redação do relatório exige o uso das regras da gramática normativa da língua portuguesa e de conteúdo técnico de alta qualidade. Desse modo, a escrita deve estar de acordo com os padrões da norma culta e apresentar conceitos/termos adequados à área de conhecimento; nesse caso, a Geografia e ciências correlatas. Além disso, a organização do relatório no que se refere à estrutura e à formatação deve seguir as normas técnicas da Associação Brasileira de Normas Técnicas (ABNT) ou as diretrizes das instituições. Portanto, o corpo do relatório baseia-se na estrutura, no conteúdo e na formatação.

A fase de redação tem como intuito demonstrar o raciocínio e a execução da pesquisa. Esse encadeamento lógico e procedimental deve compor o discurso textual. Todavia, os relatórios têm características específicas, conforme o objetivo com que foram produzidos. Nesse sentido, serão abordados a estrutura e o conteúdo dos relatórios de pesquisa científica e de trabalhos de campo.

Os relatórios relativos às pesquisas científicas objetivam relatar o resultado alcançado por meio do desenvolvimento das etapas. Desse modo, na introdução, faz-se uma contextualização do tema e da área de estudo ou do recorte espacial, assim como são apresentados os objetivos da pesquisa científica. No desenvolvimento, expõem-se os métodos e as técnicas utilizados para a coleta e o registro dos dados, seguidos da demonstração dos resultados e das discussões. Por fim, nas considerações finais, argumenta-se sobre os principais resultados alcançados ou esperados, assim como apresenta-se uma síntese sobre o trabalho.

Em virtude de sua estrutura, o relatório é dissertativo, para demonstrar, por meio de argumentos, uma solução para o problema definido com base em um tema. De acordo com Severino (2016), a demonstração fundamenta-se na argumentação, caracterizada pela articulação de ideias e fenômenos, oriunda das conclusões retiradas tanto do processo racional quanto dos levantamentos e caracterizações dos fenômenos. A apresentação destes consiste na principal fonte de argumentação da pesquisa científica; daí decorre a importância dos levantamentos de campo e experimentos, bem como das análises estatísticas.

A descrição, a narração e a dissertação são os três tipos de textos usados nos relatórios de trabalho de campo. Na descrição, o pesquisador relata detalhadamente as características dos elementos e/ou dos fenômenos em uma área de estudo ou recorte espacial; na narração, ele aborda uma sequência de acontecimentos temporais; na dissertação, enfatiza a discussão do tema, de forma sistemática.

Por essas razões, o relatório de campo apresenta, normalmente, um texto descritivo-narrativo nas partes referentes à introdução e ao desenvolvimento. A narração serve, por exemplo, para o registro das transformações das paisagens ou dos espaços geográficos em progressão temporal; já a descrição expõe as propriedades das paisagens ou dos espaços geográficos. As considerações finais apresentam características dissertativas; por isso, os conceitos abstratos devem ser expostos, analisados e interpretados, sem que haja necessidade de uma progressão temporal (Venturi, 2009).

Preste atenção!

De acordo com Quaglio, Grohmann e Fairchild (2014), os relatórios devem adotar a abordagem sistêmica, por meio da qual verifica-se, ao realizar cada fase, se os objetivos foram alcançados; caso negativo, executa-se novamente a mesma fase. Com isso, assegura-se que a redação do relatório seja realizada com base na reflexão, posto que o pesquisador a complementa ou a reformula, conforme a análise do conteúdo e dos resultados obtidos. Portanto, a elaboração do relatório deve ser planejada previamente, para garantir que informações importantes não deixem de ser inseridas, seja porque não foram observadas e registradas, seja porque se perderam durante o processo. Todo esse processo possibilita que o relatório tenha maior unidade.

Outro aspecto pertinente à redação consiste em disponibilizar tempo suficiente para a escrita, assim como evitar retardar a elaboração do relatório. Há partes que podem ser redigidas, sem que seja feita a análise dos dados. Nesse caso, o pesquisador pode iniciar antecipadamente a escrita da introdução, dos objetivos, da fundamentação teórica e da metodologia ou dos materiais e métodos. Na medida do possível, a preparação de materiais, como figuras, tabelas e, principalmente, mapas, também deve ser adiantada, pois exigem muito tempo para a confecção.

Nesse contexto, com a finalidade de detectar falhas na argumentação ou nos recursos (figuras e tabelas), aconselha-se a realizar uma versão preliminar do trabalho, objetivando fazer uma revisão do todo para constatar possíveis incorreções. Geralmente, em pesquisas desenvolvidas sob orientação, além do pesquisador, o orientador também realiza essa etapa de pré-avaliação. Em pesquisas de trabalhos acadêmicos, todo processo é executado pelo pesquisador responsável. Em ambos os casos, pode-se solicitar que outra pessoa, com domínio culto da língua, faça o processo de verificação, pois como o pesquisador se envolve demasiadamente na redação, despendendo horas na escrita e em leituras, pode ocorrer de alguns erros não serem notados. No caso do estudante de graduação, é possível pedir aos colegas de curso que leiam o relatório, pois, além de ajudá-lo, isso também os fará entender como se elabora um relatório.

Os textos científicos são apresentados em **linguagem formal**; por isso, não se deve usar gírias, expressões coloquiais, frases feitas e clichês. Também não se aceita o emprego de expressões que podem ocasionar interpretações subjetivas, tais como "eu acho", "como todo mundo sabe". Os adjetivos devem ser utilizados com cautela para não configurar um caráter subjetivo; quando usados adequadamente, servem para detalhar determinada situação, por exemplo: "Os resultados mostraram-se satisfatórios" ou, ainda, "Os dados têm fontes oficiais confiáveis".

Quanto à **coerência temporal**, emprega-se o mesmo tempo verbal (passado ou presente) na totalidade do discurso textual. Além disso, enfatiza-se o **caráter impessoal** na redação, fazendo uso da terceira pessoa. Também deve predominar a linguagem científica com características informativas e técnicas, dotadas de terminologias específicas, conforme a área de conhecimento. Por isso, quando as **siglas** pertencentes às áreas de conhecimento forem utilizadas no texto, pela primeira vez pelo pesquisador, devem preceder os respectivos significados por extenso colocados entre parênteses, conforme a NBR 14724 (ABNT, 2002c); exemplo: IBGE (Instituto Brasileiro de Geografia e Estatística). Isso garante que os leitores saibam o que a sigla representa.

Conforme Severino (2016), estudar e aprender uma ciência envolve absorver o seu vocabulário técnico. Uma vez que a linguagem científica se encontra publicada em livros, dissertações, teses, artigos científicos, entre outras fontes, o emprego de transcrições retiradas desses trabalhos envolve técnica e regras. Eis algumas delas: quando se extraem trechos literais de outras publicações, denomina-se **citação direta**. No texto, as citações diretas de até três linhas devem estar acompanhadas dos dados de publicação (autor, ano e página) e contidas entre aspas duplas, como, por exemplo: "A paisagem é sempre uma herança" (Ab'Saber, 2003, p. 9). Caso a citação direta exceda três linhas, ela deve ser formatada com recuo de 4 cm da margem esquerda, com fonte de tamanho menor que a do texto, espaçamento simples e sem aspas, de acordo com a NBR 10520 (ABNT, 2002b). Observe o exemplo:

> 4 cm A técnica cartográfica chamada de "generalização", que permite levantar uma carta em escala menor de uma "região" a partir de cartas em grande escala que a representam de modo mais preciso (mas cada uma para espaços menos amplos), deixa acreditar que a operação consiste somente em abandonar um grande número de detalhes para representar extensões mais amplas. Mas como certos fenômenos não podem ser apreendidos se não considerarmos extensões grandes, enquanto outros, de natureza bem diversa, só podem ser captados por observações muito precisas sobre superfícies bem reduzidas, resulta daí que a operação intelectual, que é a mudança de escala, transforma, às vezes, de forma radical, a problemática que se pode estabelecer e os raciocínios que se possa formar. A mudança da escala corresponde a uma mudança do nível da conceituação. (LACOSTE, 1989, p. 77)

Conforme a NBR 10520 (ABNT, 20032b), nas **citações indiretas**, o texto baseia-se na obra do autor consultado, e o sistema de chamada corresponde ao autor/data – por exemplo: Espindola (2008). A citação indireta corresponde ao tipo mais recomendado de citação, pois reflete uma maior compreensão por parte de quem a utiliza, assim como garante aos leitores mais fluidez no texto (Quaglio; Grohmann; Fairchild, 2014).

Outra alternativa corresponde à chamada **citação de citação**, utilizada quando não se tem acesso ao trabalho original. Caracteriza-se pela expressão em latim *apud* ("citado por"), de acordo com a NBR 10520 (ABNT, 2002b). Importante enfatizar que, ao empregar citações extraídas de outros trabalhos, estes devem ser citados no texto (contendo autor, ano e página, quando for o caso) e apresentados nas referências bibliográficas. Essa prática evita que ocorra plágio, considerado crime, prescrito pelo art. 184 do Código Penal (Brasil, 1940). Por isso, fique atento a esse detalhe, pois, nos colégios, essa regra não é cobrada de forma tão rígida quanto nas universidades.

Somando-se a tudo isso, a escrita exige que haja **coerência** e **coesão**. No primeiro caso, os elementos com significados diferentes também são articulados a ponto de o texto ter sentido completo; no segundo, alcança-se a coesão ao interligar os elementos de um texto utilizando-se aspectos gramaticais. A finalidade da coerência e da coesão consiste em tornar o texto claro e compreensível aos leitores (IAH, 2019). Venturi (2009, p. 231) destaca que "a coerência depende da organização do texto"; a coesão obtém-se ao manter a unidade nas frases, tanto nas frases dentro do parágrafo quanto entre os parágrafos.

Os **parágrafos** expressam as etapas do raciocínio e, por isso, podem ser elaborados com base na seguinte estrutura indicada por Severino (2018):

- **introdução**: apresenta-se o que se pretende dizer;
- **corpo/desenvolvimento**: desenvolve-se a ideia;
- **conclusão**: resume-se o que foi apresentado no decorrer da escrita (Severino, 2016).

O uso dos parágrafos articula o raciocínio; por isso, ao acrescentar algo no desenvolvimento do raciocínio, inicia-se um novo parágrafo. Desse modo, a sequência e o tamanho dos parágrafos, assim como a complexidade da escrita estão relacionados com o raciocínio desenvolvido. Com a finalidade de manter a sequência do raciocínio, devem ser usadas conjunções (*mas*, *portanto*, *porém*, *todavia* etc.) com o intuito de manter a estrutura lógica da redação.

Os relatórios devem ser organizados de modo a proporcionar uma apresentação impecável. De nada adianta o texto ser bem-elaborado, se os **aspectos estruturais e formais** não forem adotados adequadamente. Por conseguinte, os textos devem ser apresentados em papel branco, formato A4, digitados na cor preta, com exceção das figuras. Recomenda-se que a digitação seja realizada com fonte tamanho 12 para o texto e com o uso de espaçamento duplo. Durante a digitação, deve-se observar que os títulos relativos às principais divisões do texto (introdução, desenvolvimento e considerações finais) são inseridos e destacados (por exemplo, em negrito) em folha distinta.

Todas as folhas do relatório devem apresentar 3 cm nas margens esquerda e superior e 2 cm nas margens direita e inferior. As folhas são contadas a partir da folha de rosto, porém a numeração ocorre na primeira folha referente à parte textual; o número da página consta no canto superior direito em algarismos arábicos. Caso haja elementos pós-textuais (apêndices e anexos), a numeração segue a paginação do texto principal, conforme a NBR 14724 (ABNT, 2002c). Finalizado todo o processo, o relatório deve ser impresso em uma página por folha, para evitar que o texto, as figuras e as tabelas transpareçam no verso da folha.

5.3 Estrutura dos relatórios

O relatório refere-se a um documento, segundo a NBR 14724 (ABNT, 2002c), composto de elementos pré-textuais, textuais e pós-textuais. Os **elementos pré-textuais** antecedem o texto e ajudam na identificação e na utilização do trabalho; os **elementos textuais** compreendem a parte do trabalho em que são expostos os conteúdos; os **elementos pós-textuais** complementam o trabalho.

De modo geral, os relatórios têm uma estrutura padrão; porém, aconselha-se verificar as normas da instituição para a qual o relatório será destinado. Os **elementos obrigatórios** correspondem a capa, folha de rosto, sumário, resumo, introdução, desenvolvimento, considerações finais e referências bibliográficas. Já os **elementos opcionais** referem-se a prefácio, agradecimentos, apêndices e anexos.

A **capa** contém informações como o nome do(s) autor(res), o título do relatório, a identificação da instituição e o ano da publicação. Nos casos em que os relatórios forem destinados à venda em livrarias, faz-se necessária a indicação do International Standard Book Number (ISBN), para facilitar o pedido de publicações.

A **folha de rosto** é a primeira página do relatório após a capa. Por isso, há a repetição de algumas informações da capa – título do relatório, nome do(s) autor(res), identificação da instituição e o ano de publicação –, assim como a inserção de novas informações. A natureza e o objetivo do trabalho, bem como a identificação da disciplina e da universidade devem constar, na folha de rosto, em um breve texto, cuja redação geralmente apresenta-se assim: "Relatório apresentado como requisito parcial à avaliação da disciplina (nome da disciplina) da universidade (nome da universidade)". Abaixo desse texto, insere-se o nome e a titulação do professor orientador. Novamente, caso o relatório seja destinado à venda, deve-se inserir o ISBN na frente ou no verso da folha de rosto.

O **sumário** corresponde à organização dos capítulos, dos subcapítulos e demais partes de um relatório, de acordo com a numeração das páginas. Segue-se a mesma ordem e grafia apresentada no corpo do relatório. Na parte textual, o capítulo principal e os subcapítulos obedecem a uma hierarquia de estilos. Exemplo: 1. TÍTULO DO CAPÍTULO; 1.1 Título do subcapítulo. Como a elaboração do sumário depende da formatação do relatório, deve-se realizar essa etapa por último. Em *softwares* de edição de texto, há ferramentas disponíveis para a compilação do sumário.

O **resumo** é uma das etapas mais importantes do relatório, pois tem como objetivo apresentar a discussão desenvolvida na pesquisa ou no trabalho de campo. Deve conter todas as informações necessárias para que os leitores realizem uma primeira avaliação do texto, bem como consultem o texto integral, após ter seu interesse despertado. Esse texto deve ser escrito em um único parágrafo, com espaçamento simples. Ao término do resumo, são apresentadas palavras-chaves, separadas por ponto e vírgula. O uso das palavras-chaves facilita a busca por trabalhos de mesmo tema ou similares. Comumente, o resumo do relatório tem a seguinte estrutura básica: área de estudo ou recorte espacial, fundamentação teórica, objetivo(s), materiais e método, resultado(s) obtido(s), considerações finais e palavras-chaves.

No corpo do resumo, a introdução tem a finalidade de apresentar a área de estudo ou o recorte espacial e promover a descrição do tema. No final da introdução, pode-se mencionar o(s) objetivo(s) do trabalho. Em materiais e métodos, o autor apresenta e explica o material utilizado na aquisição de dados e informações, assim como os procedimentos utilizados para a análise. Em seguida, o autor deve apresentar os resultados e sua respectiva discussão, incluindo o objetivo da pesquisa e os resultados obtidos na literatura. O resumo deve ser finalizado com as considerações finais, etapa em que o autor deve promover uma argumentação sobre os principais resultados alcançados e/ou esperados. Dependendo do caso, o autor pode elaborar uma síntese, a fim de demonstrar as etapas relativas ao desenvolvimento do trabalho. Deve-se ressaltar que, geralmente, não são utilizadas citações em resumo. Além disso, a elaboração do resumo pode ser realizada somente após a conclusão do relatório final.

O relatório inicia-se pela **introdução**. Nesse momento, comenta-se a relação entre o relatório e a disciplina cursada ou o projeto de pesquisa, citando o curso (graduação/pós-graduação) ou a linha de pesquisa do projeto e a instituição. Na sequência, ressalta-se como a elaboração do relatório enriqueceu a formação acadêmica e/ou profissional. Em seguida, elabora-se uma breve exposição para demonstrar as razões teóricas e práticas que tornaram a realização da pesquisa relevante. Nesse momento, o pesquisador precisa esclarecer e justificar a finalidade e os objetivos delineados para o desenvolvimento da pesquisa. Por isso, pode apresentar a área de estudo ou o recorte espacial por meio da contextualização (localização geográfica e caracterização geral). Após fazer essa breve apresentação, descreve-se a estrutura do relatório, bem como explica-se o motivo dessa adoção. Para isso, o pesquisador deve ressaltar que as partes importantes do relatório estão relacionadas com o objetivo e com o método utilizado na pesquisa. Todas as etapas citadas permitem que os leitores compreendam o conteúdo e a estrutura do relatório direcionado à pesquisa.

No **desenvolvimento do relatório referente aos trabalhos de campo**, deve-se redigir um texto narrativo-descritivo, abordando os fatos, os fenômenos e os processos observados. Sendo assim, o relatório pode ser estruturado de forma sequencial, salientando os pontos de parada ocorridos durante o trajeto. Nesse caso, a descrição dos dados e das informações precisa ser detalhada, a fim de contemplar a especificidade daquele lugar. Desse modo, as anotações da caderneta de campo e os registros audiovisuais tornam-se imprescindíveis. Caso o relatório seja realizado em grupo, aconselha-se que todos os integrantes façam suas anotações, pois a observação e a aquisição de dados e informações não ocorrem da mesma maneira para todos os indivíduos. Com a intenção de complementar as observações e as informações obtidas no trabalho de campo, sugere-se que seja realizada uma pesquisa, em que sejam abordados os aspectos físicos, históricos, sociais e econômicos.

Na parte do relatório referente ao **desenvolvimento de uma pesquisa científica**, há a necessidade de descrever o método, demonstrar as técnicas utilizadas na aquisição e na análise dos dados e das informações e explicar os resultados obtidos. Dessa forma, o pesquisador precisa mostrar o "caminho" seguido para a condução da pesquisa, ou seja, explanar o motivo da escolha das técnicas e os instrumentos e/ou procedimentos utilizados na coleta dos dados e das informações, bem como apresentar a realização das análises estatísticas e/ou espaciais, objetivando a obtenção dos resultados. A discussão dos resultados deve estar sempre atrelada à fundamentação teórica, inclusive com a finalidade de comprovar a argumentação por meio dos resultados encontrados em pesquisas semelhantes. Para elaborar essa descrição, devem ser apresentados os detalhes, para que outro pesquisador da área possa reproduzir a pesquisa e encontrar resultados similares. Portanto, as técnicas e as análises dos dados e das informações precisam ser cuidadosamente descritas, uma vez que a alteração de um critério pode afetar os resultados, caso a pesquisa seja repetida.

As **considerações finais** do relatório precisam ser feitas de forma dissertativa, pois representam o término de uma argumentação realizada de forma reflexiva, pautada na fundamentação teórica e no desenvolvimento da pesquisa. Dessa maneira, o pesquisador deve promover uma discussão sobre os objetivos atingidos e sobre os resultados alcançados e/ou esperados, sem fazer uso de citações. Dependendo do caso, o pesquisador pode evidenciar as limitações e as considerações da pesquisa científica ou do trabalho de campo. Sendo assim, as considerações finais apresentam a conexão das partes do relatório, de forma sintética e categórica. A finalização do relatório constitui o registro definitivo da pesquisa científica ou do trabalho de campo.

As **referências bibliográficas** equivalem a "um conjunto padronizado de elementos descritivos, retirados de um documento, que permite sua identificação individual" (ABNT, 2002a, p. 2). Dessa forma, fazem alusão aos autores e à especificação da respectiva obra: título, edição, local, editora e data de publicação. Além desses elementos essenciais, dependendo do documento, utilizam-se elementos complementares, como descrição física, série, coleções, entre outros.

A NBR 6023 (ABNT, 2002a) estabelece a sequência padronizada para cada tipo de fonte (referência), a fim de garantir a sistematização e a divulgação científica em território nacional. Entretanto, há algumas regras gerais que norteiam a elaboração das referências:

a. O uso de letras maiúsculas aplica-se ao sobrenome do(s) autor(es), para a primeira letra do título, assim como para nomes geográficos, nome da editora, eventos institucionais, entre outros.

Exemplo:

MAACK, R. **Geografia física do estado do Paraná**. 4. ed. Ponta Grossa: Ed. UEPG, 2012.

b. O formato "SOBRENOME, Nome" (sendo possível abreviar o nome) emprega-se para identificar a autoria.

Exemplo:

FLORENZANO, Teresa Gallotti. **Iniciação em Sensoriamento Remoto**. 3. ed. São Paulo: Oficina de Textos, 2011.

Ou

FLORENZANO, T. G. **Iniciação em Sensoriamento Remoto**. 3. ed. São Paulo: Oficina de Textos, 2011.

c. Utiliza-se ponto após o nome do autor, do título, da edição e no final da referência; a vírgula é empregada após o sobrenome do autor, da editora, do título de revista, entre volume, número e páginas de periódicos; o ponto e vírgula, entre os nomes dos autores; e o hífen, entre o número de páginas.

Exemplo:

FIRKOWSKI, O. L. C. F.; MOURA, R. Regiões metropolitanas e metrópoles. **Reflexões acerca das espacialidades e institucionalidades**. RAEGA (UFPR), Curitiba, v. 5, p. 27-46, 2002.

A referida norma técnica esclarece que as referências bibliográficas podem aparecer no rodapé, no fim do texto ou do capítulo e em listas de referências. Elas devem ser alinhadas somente à margem esquerda do texto e redigidas com espaçamento simples entre as linhas e duplo entre as referências. A organização das referências deve ser feita em ordem alfabética, por meio do nome do(s) autor(es), ou, em caso de autoria desconhecida, por meio da primeira palavra do título. Caso haja duas ou mais referências de mesma autoria, a ordem ascendente deve ser baseada no ano de publicação.

O **prefácio** corresponde a um elemento opcional do relatório. Quando compõe o trabalho, tem como finalidade expor uma breve apresentação dos motivos que desencadearam a realização da pesquisa. Pode ser escrito por pesquisadores envolvidos no projeto ou por convidados externos.

Outro elemento opcional refere-se aos **agradecimentos**. Nesse caso, reconhece-se a ajuda recebida no decorrer da pesquisa, seja personificada, seja em relação a órgãos ou instituições.

Além desses elementos, utilizam-se **apêndices** e/ou **anexos**, caso haja um grande volume de materiais a serem apresentados no decorrer do relatório, a fim de facilitar a fluidez da respectiva leitura. Dessa forma, esses materiais não figuram ao longo do texto e estão presentes apenas no final do relatório. Nos apêndices os autores apresentam suas próprias tabelas, quadros, gráficos e outras ilustrações e nos anexos constam informações necessárias à compreensão do relatório elaboradas por terceiros.

5.4 Figuras e tabelas nos relatórios

O relatório útil comunica aos leitores, de forma objetiva, o desenvolvimento da pesquisa; por isso, figuras e tabelas devem ser inseridas tanto na introdução quanto no desenvolvimento do relatório. O termo *figura* faz alusão aos quadros, gráficos, blocos-diagramas, perfis geoecológicos, perfis topográficos, croquis e mapas que representam visualmente as informações. Já as **tabelas** organizam informações numéricas em uma estrutura formada por linhas horizontais e verticais.

Os resultados da pesquisa podem ser apresentados em figuras e tabelas com o objetivo de proporcionar uma leitura fluida e capaz de assegurar a compreensão dos resultados, de forma mais convincente, mediante a discussão realizada pelo pesquisador. Por isso, esses elementos têm funções específicas: as **tabelas** resumem e facilitam as comparações; os **gráficos** exibem, de maneira visual, as variações ou padrões de distribuição; os **quadros** apresentam informações de cunho teórico, como classificações, comparações e dados numéricos, sem tratamento estatístico.

A respeito dos **blocos-diagramas**, essas apresentações simples e de fácil entendimento para os leitores permitem a compreensão das paisagens como um todo ao demonstrar, em um "corte" transversal à correspondência entre as rochas, o relevo e a posição relativa dos solos em determinada paisagem (Embrapa, 1995).

Acerca das paisagens, o **perfil geoecológico** refere-se a mais uma técnica utilizada para representar os elementos da paisagem. A organização dos elementos no perfil geoecológico baseia-se na ideia geossistêmica, proposta por Bertrand (1968), em que as estruturas horizontais representam a distribuição sequencial dos elementos (geologia, relevo, solo, vegetação e afins) e as estruturas verticais demonstram a sobreposição dos elementos, possibilitando a análise integrada deles, em conformidade com a Figura 5.1.

No tocante aos **perfis topográficos**, a representação gráfica tem como intenção mostrar a "silhueta do terreno", fundamentada no sistema cartesiano. A intersecção entre o plano vertical e horizontal permite representar as formas de relevo e definir as altitudes com base nas curvas de nível (Fiori, 2009), conforme demonstrado na Figura 5.2.

Já o **croqui** refere-se ao esboço de desenho, feito ao vivo, em traços de lápis, de modo que mostre o essencial do objeto ou da paisagem (IAH, 2019), de acordo com a Figura 5.3.

Figura 5.1 – Exemplo de perfil geoecológico

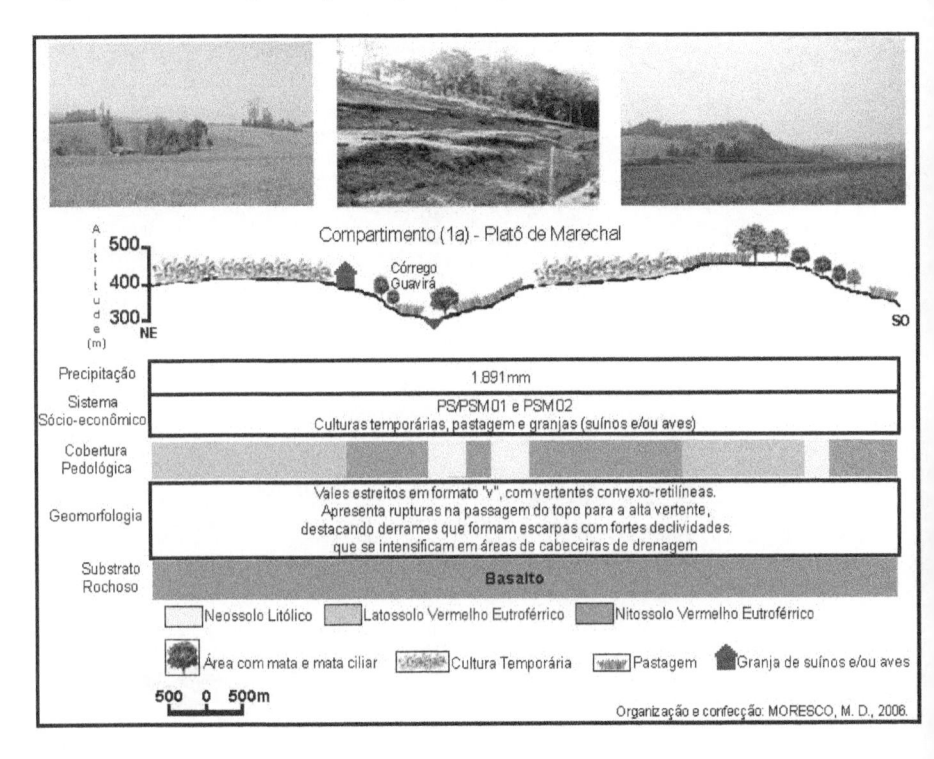

Fonte: Moresco, 2006, p. 102.

Figura 5.2 – Exemplo de perfil topográfico

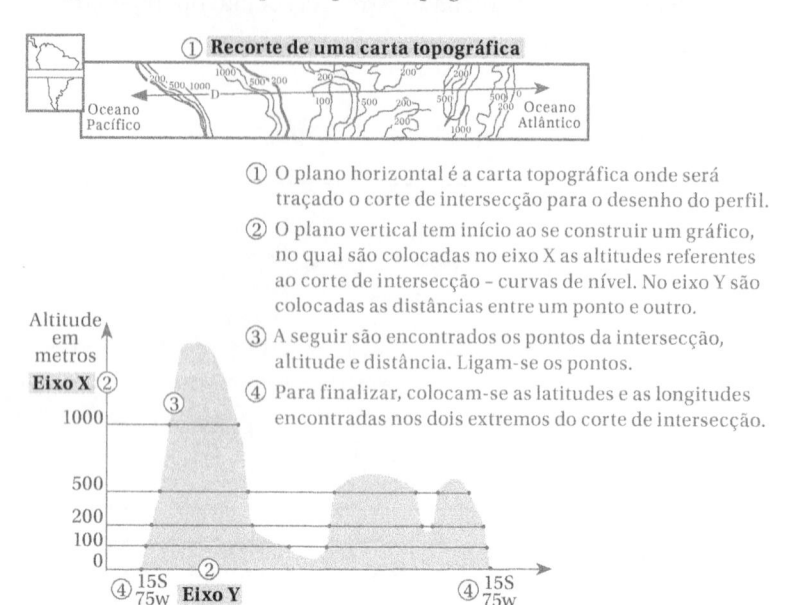

① **Recorte de uma carta topográfica**

Oceano Pacífico ... Oceano Atlântico

① O plano horizontal é a carta topográfica onde será traçado o corte de intersecção para o desenho do perfil.

② O plano vertical tem início ao se construir um gráfico, no qual são colocadas no eixo X as altitudes referentes ao corte de intersecção – curvas de nível. No eixo Y são colocadas as distâncias entre um ponto e outro.

③ A seguir são encontrados os pontos da intersecção, altitude e distância. Ligam-se os pontos.

④ Para finalizar, colocam-se as latitudes e as longitudes encontradas nos dois extremos do corte de intersecção.

Fonte: Fiori, 2009, p. 223.

Figura 5.3 – Exemplo de croqui

Fonte: Fiori, 2009, p. 223.

Importante!

Na geografia, os mapas têm o papel primordial de auxiliar os leitores a se localizar e a compreender os temas que eles abordam. Esse tipo de representação subsidia o texto do relatório ao demonstrar a localização e a caracterização geral da área de estudo ou do recorte espacial, bem como propicia a espacialização dos resultados na forma de mapas temáticos. Para cumprir essas funções, os mapas são elaborados em conformidade com as convenções cartográficas, ou seja, devem conter elementos obrigatórios, tais como: norte geográfico, legenda, escala (gráfica e/ou numérica), entre outros.

A organização dos resultados em figuras e tabelas propicia ao pesquisador uma visão de conjunto, capaz de auxiliá-lo na análise das inter-relações entre a fundamentação teórica e os resultados. Na análise, são descritas as características que subsidiam o argumento das informações apresentadas. Por essa razão, conforme Severino (2016), os pesquisadores utilizam os processos lógicos de análise e síntese. Na análise, o objeto decomposto em suas partes constitutivas torna simples aquilo que era complexo; na síntese, o objeto decomposto pela análise novamente se reconstitui na sua totalidade.

Por convenção, análises quantitativas exigem que os resultados dos testes estatísticos sejam mencionados no texto, mesmo que estejam presentes em tabelas e gráficos. Em áreas menos quantitativas, não é necessário incluir a informação no texto, caso esteja disponível em tabelas e gráficos. Essa opção torna a leitura mais fluida, mas leitores que têm conhecimento de estatística podem sentir falta dessas informações ao longo do texto (Veal, 2011).

Lembrando que, para os leitores, quanto mais simples for a figura ou a tabela, maior a objetividade na apresentação dos resultados, permitindo uma rápida compreensão e interpretação. Marconi e Lakatos (2010) sugerem, nos casos em que se tem uma grande quantidade de resultados, a elaboração de várias tabelas, para que não se perca o seu valor interpretativo. Dessa forma, a qualidade de uma figura ou de uma tabela está relacionada à simplicidade com que esses elementos apresentam as ideias e as relações.

Assim, inserem-se, no texto principal do relatório, as versões mais sintéticas das figuras e das tabelas, e, nos apêndices ou nos anexos, as versões mais complexas. Vale lembrar que os documentos inseridos nos apêndices exigem autoria própria, enquanto os anexos podem ser de autoria de terceiros. Conforme a NBR 10719, os apêndices e os anexos correspondem a elementos pós-textuais, os quais apresentam documentos complementares ao texto principal, utilizados na argumentação, na fundamentação, na comprovação e na ilustração (ABNT, 2011). Independentemente da disposição das figuras e das tabelas, em todas elas devem ser inseridas a fonte e as referências bibliográficas. Estas últimas são utilizadas quando as figuras e/ou tabelas são extraídas de outros trabalhos, seja de autoria do mesmo produtor do relatório ou não.

Com relação à formatação, as figuras e as tabelas precisam ser identificadas no texto por palavras com as iniciais em letra maiúscula, seguidas de um algarismo arábico correspondente (por exemplo, Tabela 1). Após essa referência no texto, as figuras e as tabelas são posicionadas de forma centralizada e apresentam tamanho proporcional à página. De acordo com a NBR 14724, na parte superior das figuras e das tabelas, insere-se a identificação: algarismo arábico (mesmo número mencionado no texto), seguido de travessão e do título (sem pontuação final) (ABNT, 2002c).

Na parte inferior da figura ou da tabela, indica-se a fonte consultada. Na formatação das legendas e fontes das figuras e das tabelas, usa-se tamanho menor e uniforme. No caso das figuras, recomenda-se utilizar fonte tamanho 12, exceto na indicação da autoria; nas tabelas, pode-se utilizar fonte tamanho 10 ou 12 e o texto descritivo deve estar alinhado à margem esquerda da tabela.

Os símbolos e as palavras presentes nas figuras precisam estar legíveis e em português; por isso, palavras originalmente escritas em outras línguas devem ser traduzidas. Além disso, as figuras precisam ser inteligíveis, com boa resolução, sem que estejam com aspecto "pixelado", típico de figuras com resolução baixa. Caso as figuras não tenham qualidade adequada, não as inclua no relatório. Nos relatórios relativos aos trabalhos de campo, há a opção de solicitar mais referências de figuras pendentes aos outros participantes. Além disso, é possível buscar figuras representativas em publicações de outros autores. Em ambos os casos, deve-se fazer menção à fonte e/ou aos créditos.

Tanto a lista de figuras quanto a de tabelas representam elementos pré-textuais opcionais. Entretanto, caso o relatório contenha uma quantidade significativa de figuras e/ou de tabelas, recomenda-se que sejam elaboradas listas com o intuito de estruturar o trabalho para os leitores. Desse modo, conforme a NBR 14724, elaboram-se listas próprias tanto para as figuras quanto para as tabelas, seguindo a ordem apresentada no texto, contendo a designação específica, o travessão, o título e o respectivo número da página (ABNT, 2002c). Essas listas devem estar situadas logo após o sumário.

Conforme mencionado, as figuras e as tabelas têm a função de complementar o texto, mas não de substituí-lo; por isso, elas devem ser citadas e explicadas com base na discussão realizada no trabalho (Venturi, 2009). Sendo assim, segundo Quaglio,

Grohmann e Fairchild (2014, p. 117), "cada elemento deve contribuir efetivamente para a compreensão de uma ideia e formar um conjunto lógico e equilibrado com o texto". Com isso, a disposição das figuras e das tabelas não pode ser feita de maneira aleatória ou ter a mera finalidade de ilustrar o relatório.

Síntese

Neste capítulo, explicitamos que os relatórios são utilizados para expor as atividades tanto da pesquisa científica quanto dos trabalhos de campo. Por isso, enfatizamos a natureza dos relatórios na geografia e apresentamos as particularidades dos tipos de texto utilizados (descritivo, narrativo e dissertativo). Com relação à parte textual, ressaltamos que a linguagem deve ser adequada e que os resultados podem ser apresentados em forma de tabelas e de figuras. Por fim, mostramos os elementos obrigatórios presentes na estrutura de um relatório, assim como as regras de formatação necessárias para a devida elaboração.

Indicações culturais

BRANCO, P. M. **Guia de redação para a área de geociências**. 2. ed. São Paulo: Oficina de Textos, 2014.

Escrito por Pércio de Moraes Branco, essa obra esclarece as principais dúvidas de português para a redação de trabalhos científicos e técnicos na área de geociências.

CIBERDÚVIDAS da língua portuguesa. Disponível em: <https://ciberduvidas.iscte-iul.pt/>. Acesso em: 8 out. 2019.

Canal que tem como objetivo esclarecer dúvidas e informações sobre a língua portuguesa.

Atividades de autoavaliação

1. Santos (2004) declara que redigir equivale a escrever um texto, elaborado com base em um objetivo e enriquecido o com dados e informações. Diante dessa afirmação, assinale a alternativa **incorreta** sobre a natureza dos relatórios na geografia:
   a) A análise dos dados nos relatórios deve ser efetuada com base nos procedimentos estatísticos, ao passo que as informações precisam ser detalhadas de forma descritiva.
   b) Os relatórios fazem uso da linguagem para relatar as etapas da pesquisa científica ou do trabalho de campo.
   c) Os relatórios de trabalhos de campo não exigem originalidade na pesquisa desenvolvida. Por isso, podem apresentar argumentos e resultados obtidos em outras pesquisas com temas semelhantes.
   d) Apresentam diferentes níveis de detalhamento em função da escala de observação e, consequentemente, das informações adquiridas.
   e) Também podem ser entendidos como registros, pois possibilitam compilar as informações de um fenômeno ou um processo situado no espaço-tempo.

2. Para a elaboração dos relatórios, torna-se necessário utilizar as normas técnicas, objetivando demonstrar o desenvolvimento da pesquisa ou do trabalho de campo. Segundo Ruiz (1996, p. 74), "esse objetivo determina a ordem lógica e a linguagem clara e precisa da redação". Sendo assim, analise as afirmativas e assinale (V) para as verdadeiras e (F) para as falsas:
   ( ) O corpo do relatório baseia-se na estrutura, no conteúdo e na formatação.
   ( ) A descrição, a narração e a dissertação são os tipos de texto usados em relatórios de trabalho de campo.

( ) O relatório da pesquisa científica tem um caráter narrativo, pois utiliza argumentos para encontrar uma solução ou resposta para o problema estabelecido.
( ) Os relatórios devem adotar a abordagem sistêmica, a qual verifica, em cada fase, se os objetivos foram atingidos, antes de prosseguir para a seguinte fase.
( ) A elaboração do relatório exige tempo hábil tanto para a escrita quanto para a confecção de figuras e tabelas.

Agora, assinale a alternativa que contém a sequência correta:
a) F, F, V, F, F.
b) V, F, V, F, V.
c) F, F, V, V, V.
d) V, V, V, V, V.
e) V, V, F, V, V.

3. "Um texto científico deve dizer o máximo com o menor número possível de palavras" (Cruz; Ribeiro, 2003, p. 5). Sendo assim, a linguagem clara e precisa compõe esse tipo de redação. Assinale, a seguir, a alternativa **incorreta** a respeito da linguagem utilizada nos relatórios de pesquisa e de trabalho de campo.
a) Não se aceita o emprego de expressões que podem ocasionar interpretações subjetivas.
b) Há o predomínio de linguagem científica, dotada de terminologias específicas, conforme a área do conhecimento.
c) Os textos científicos devem ser apresentados em linguagem informal; por isso, não admitem o emprego de gírias, expressões coloquiais, frases feitas e clichês.
d) Utiliza-se o mesmo tempo verbal (passado ou presente) na totalidade do discurso textual com a finalidade de manter a coerência verbal.

e) O uso de adjetivos deve ser evitado para não configurar um caráter subjetivo. Quando empregados, devem servir para caracterizar melhor determinada situação.

4. A NBR 10520 (ABNT, 2002b, p. 1) define citação como a "menção de uma informação extraída de outra fonte". A citação atribui a autoria das ideias, dos conceitos e dos resultados ao seu respectivo autor. Nesse contexto, analise as afirmativas e assinale (V) para as verdadeiras e (F) para as falsas:

( ) Na citação direta, o autor extrai trechos literais de outras publicações. Nesse caso, não há diferenças entre citações curtas e longas.

( ) A citação de citação deve ser utilizada quando não se tem acesso ao trabalho original. Caracteriza-se pela expressão em latim *apud* ("citado por").

( ) Nas citações indiretas, o texto deve ser baseado na obra do autor consultado, e o sistema de chamada deve corresponder ao autor/data.

( ) As citações indiretas são o tipo mais recomendado de citação, pois exigem uma maior compreensão, uma vez que o autor deve reescrever a ideia principal presente na citação original.

( ) O uso das citações deve ser mencionado durante o texto pelo sistema autor/data; porém, não é obrigatório constar a referência da citação na seção de referências bibliográficas.

Agora, assinale a alternativa que contém a sequência correta:
a) V, V, V, V, V.
b) F, V, F, V, F.
c) V, F, F, V, F.
d) F, V, V, V, F.
e) F, F, V, V, V.

5. Venturi (2009, p. 232) relembra que "nas artes, uma imagem pode falar por si só, mas em ciência isso não acontece". Desse modo, para que as figuras e as tabelas componham os relatórios, o pesquisador deve seguir algumas regras. Com relação a isso, assinale a alternativa **incorreta**:
   a) As figuras são utilizadas para representar visualmente as informações, como os quadros, os blocos-diagramas e os perfis.
   b) Figuras e tabelas podem estar presentes nas partes referentes à introdução, ao desenvolvimento e às considerações finais do relatório.
   c) Os mapas, representados em forma de figura, têm o papel primordial de auxiliar os leitores a se localizar e a compreender os temas representados.
   d) Figuras e tabelas simples trazem maior objetividade na apresentação dos resultados, possibilitando uma rápida compreensão e interpretação.
   e) As tabelas têm a finalidade de organizar informações numéricas em uma estrutura formada por linhas horizontais e verticais.

Atividades de aprendizagem

Questões para reflexão

1. Neste capítulo explicamos que as figuras, sendo uma representação visual, auxiliam o leitor na compreensão das informações apresentadas. Existem vários tipos de figuras, como o perfil geoecológico e o perfil topográfico. O primeiro demonstra os elementos da paisagem (geologia, relevo, solo, vegetação e afins), por meio da organização vertical e horizontes (Bertrand,

1968). O segundo representa as formas de relevo com base nas curvas de nível (Fiori, 2009). Diante do apresentado, explique de que maneira os perfis topográficos podem ser utilizados na elaboração dos perfis geoecológicos.

2. Considere a situação hipotética a seguir: Maria da Silva estava escrevendo o seu relatório de trabalho de campo e precisava de uma citação sobre o conceito de paisagem. Na sua pesquisa, ela encontrou uma citação de Bertrand em um artigo escrito em 2017 por José de Oliveira, da seguinte maneira:

> A paisagem não é a simples adição de elementos disparatados. É, numa determinada porção do espaço, o resultado da combinação dinâmica, portanto instável, de elementos físicos, biológicos e antrópicos que, reagindo dialeticamente uns sobre os outros, fazem da paisagem um conjunto único e indissociável, em perpétua evolução. (Bertrand, 1968)

Maria da Silva tentou achar a fonte original dessa citação, porém não a encontrou, pois refere-se a um artigo muito antigo. Assim, ela decidiu transformá-la em citação indireta. Para ajudar Maria da Silva, elabore a citação.

Atividade aplicada: prática

1. Ao término deste livro, espera-se que você tenha se motivado a participar de trabalhos de campo e esteja apto a relatar as etapas realizadas nesses momentos. Dessa forma, para treinar as habilidades e competências necessárias ao geógrafo, elabore um relatório a respeito de um trabalho de campo – tradicional, investigativo ou autônomo.

Considerações finais

Finalizamos esta obra ressaltando a relação entre metodologia e trabalhos de campo. Para isso, expusemos como acontece a produção do conhecimento ao realizarmos pesquisas científicas. Também que o desenvolvimento da pesquisa científica exige um método para auxiliar nosso pensamento em termos de raciocínio científico. Além disso, constatamos que, comumente, na geografia, o método está relacionado com as técnicas aplicadas em trabalhos de campo. Sendo assim, as práticas de campo e de laboratório fazem parte dos procedimentos metodológicos para se produzir conhecimento. Como o conhecimento é mutável, devido ao contexto histórico e aos avanços tecnológicos e científicos, a ciência está em permanente construção.

Portanto, a metodologia tem como finalidade demonstrar os caminhos da investigação e os procedimentos sistemáticos e formais necessários à pesquisa científica. Além disso, tem o objetivo de torná-lo crítico em relação ao conhecimento, ensinando-lhe a perpassar o senso comum e a desenvolver o conhecimento científico. Dessa forma, esperamos que esta obra tenha motivado você a seguir diferentes rumos em direção a novas reflexões.

Já as práticas de campo e de laboratório, conforme mencionamos, fazem parte da pesquisa científica, mas também capacitam para a práxis do geógrafo. Esse profissional deve estar preparado e capacitado para os trabalhos de campo, pois, como vimos, essa técnica consiste em uma prática insubstituível, em virtude da riqueza das observações e interpretações dos fenômenos e processos, tal como ocorrem nos diferentes recortes espaciais.

O geógrafo profissional percebe relações e configurações que outros olhares não conseguem captar; por isso, analisa as paisagens e os espaços geográficos com visão ampla e com percepção do todo. Em vista disso, ele vivencia uma geografia viva, em que as paisagens e os espaços geográficos estão em permanente transformação graças às interações entre a natureza e a sociedade.

Concluímos que a educação acadêmica tem como objetivos nos cursos de graduação em Geografia: formar profissionais, mediante a profissionalização técnica; formar pesquisadores, por meio da prática da pesquisa científica; e formar cidadãos com espírito crítico e consciência social. Afinal, de nada adianta ser um profissional com capacitação técnica e científica, se toda essa formação não contribuir para a melhoria da sociedade brasileira.

Diante do exposto, acreditamos que a pesquisa científica, atrelada ao trabalho de campo proporciona a construção do conhecimento para ser usado em prol da sociedade. Dessa maneira, esperamos que esta obra tenha incentivado futuros geógrafos a atuarem na sociedade como cidadãos críticos e conscientes do seu papel político em transformar a sociedade por meio do seu trabalho.

Referências

ABNT - ASSOCIAÇÃO BRASILEIRA DE NORMAS TÉCNICAS. **NBR 6023**: referências - elaboração. Rio de Janeiro, 2002a.

ABNT - ASSOCIAÇÃO BRASILEIRA DE NORMAS TÉCNICAS. **NBR 10520**: citações em documentos - apresentação. Rio de Janeiro, 2002b.

ABNT - ASSOCIAÇÃO BRASILEIRA DE NORMAS TÉCNICAS. **NBR 14724**: trabalhos acadêmicos - apresentação. Rio de Janeiro, 2002c.

ABNT - ASSOCIAÇÃO BRASILEIRA DE NORMAS TÉCNICAS. **NBR 10719**: relatório técnico e/ou científico - apresentação. Rio de Janeiro, 2011.

AB'SABER, A. N. **O que é ser geógrafo**: memórias profissionais de Aziz Nacib Ab'Saber. Rio de Janeiro: Record, 2007.

____. **Os domínios da natureza no Brasil**: potencialidades paisagísticas. São Paulo: Ateliê Editorial, 2003.

ALVES, A. M. O método materialista histórico dialético: alguns apontamentos sobre a subjetividade. **Revista de Psicologia da UNESP**, v. 9, n. 1, 2010.

ARCHELA, R. S.; THÉRY, H. Orientação metodológica para construção e leitura de mapas temáticos. **Confins**, v. 3, 2008. Disponível em: <http://confins.revues.org/index3483.html>. Acesso em: 8 out. 2019.

ARONOFF, S. Geographic Information Systems: a Management Perspective. **Journal Geocarto International**, v. 4, n. 4, 1989.

AYOADE, J. O. **Introdução à climatologia para os trópicos**. São Paulo: Difel, 1986.

AZEVEDO, T. R. Técnicas de campo e laboratório em climatologia. In: VENTURI, L. A. B. (Org.). **Praticando geografia**: técnicas de campo e laboratório. São Paulo: Oficina de Textos, 2009. p. 131-147.

BAUDELLE, G.; OZOUF-MARIGNIER, M.-V.; ROBIC, M.-C. **Géographes en pratiques (1870-1945):** le terrain, le livre, la cité. Rennes: Presses Universitaires de Bretagne, 2001.

BBC BRASIL. **Atualizado pela 1ª vez em 30 anos, atlas traz 12 "novos" tipos de nuvens.** 27 mar. 2017. Disponível em: <http://www.bbc.com/portuguese/geral-39413643>. Acesso em: 8 out. 2019.

BERTRAND, G. Paysage et géographie physique globale. Esquisse Méthodologique. **Revue Géographique dês Pyrénées et du Sud-Ouest,** Toulouse, v. 39, n. 3, p. 249-272, 1968.

BEST. J. W. **Como investigar en educación.** 2. ed. Madrid: Moarata, 1972.

BIGARELLA. J. J. **Nas trilhas de um geólogo.** Curitiba: Imprensa Oficial, 2003.

BRANCO, P. M. **Guia de redação para a área de geociências.** 2. ed. São Paulo: Oficina de Textos, 2014.

BRASIL. Decreto n. 6.666, de 27 de novembro de 2008. **Diário Oficial da União,** Poder Executivo, Brasília, DF, 28 nov. 2008.

_____. Lei n. 6.664, de 26 de junho de 1979. **Diário Oficial da União,** Poder Legislativo, Brasília, DF, 28 jun. 1979.

_____. Resolução CONAMA 357, de 17 de março de 2005. **Diário Oficial da União,** Poder Executivo, Brasília, DF, 17 mar. 2005. BRASIL. Ministério da Educação. Conselho Nacional de Educação. Parecer n. 492, de 3 de abril de 2001. Relatores: Eunice Ribeiro Durham, Silke Weber e Vilma de Mendonça Figueiredo. **Diário Oficial da União,** Brasília, DF, 9 jul. 2001.

BURTON, I. The quantitative revolution and theoretical geography. **Canadian Geography,** n. 7, p. 151-162, 1963.

_____. **Introdução ao pensar.** 15. ed. Petrópolis: Vozes, 1986.

CÂMARA, G. et al. **Anatomia de sistemas de informação**

geográfica. Campinas: Unicamp-Sagres, 1997.

CANAL Futura. **Um cientista, uma história**: Aziz Ab'Saber. 04 nov. 2015. Disponível em: <https://www.youtube.com/watch?v=rYdpMC4KneY>. Acesso em: 8 out. 2019.

CARVALHO, J. W. S. Da teoria do conhecimento à metodologia científica: dilemas contemporâneos da pesquisa social. **PRACS: Revista de Humanidades do Curso de Ciências Sociais UNIFAP**, n. 1, dez. 2008.

CARVALHO, M. V. A. et al. A importância do uso de imagens de satélite e cartas-imagem para a execução do trabalho de campo em Geografia. In: SIMPÓSIO BRASILEIRO DE SENSORIAMENTO REMOTO, 13., 2007, Florianópolis.

CARVALHO, T. M. Técnicas de medição de vazão por meios convencionais e não convencionais. **Revista Brasileira de Geografia Física**, v. 1, p. 73-85, 2008.

CAVALCANTI, A. P. B. Fundamentos históricos metodológicos da pesquisa de campo em Geografia. **Geosul**, Florianópolis, v. 26, n. 51, p. 39-58, jan./jun. 2011.

CHAUI, M. **Convite à filosofia**. 7. ed. São Paulo: Ática, 1995.

CHRISTALLER, W. **Central Places in Southern Germany**. Englewood Cliffs: Prentice-Hall, 1966.

CIBERDÚVIDAS da Língua Portuguesa. Disponível em: <https://ciberduvidas.iscte-iul.pt/>. Acesso em: 8 out. 2019.

CLAVAL, P. Le rôle du terrain en géographie: des épistémologies de la curiosité à celles du désir. **Confins**, n. 7, 2013.

COMPIANI, M.; CARNEIRO, C. D. R. Os papéis didáticos das excursões geológicas. **Enseñaleza de las Ciências de la Tierra**, v. 1, n. 2, p. 90-98, 1993.

CONCAR – Comissão Nacional de Cartografia. **Plano de ação para a implantação da INDE**. 2010.

CPTEC – Centro de Previsão de Tempo e Estudos Climáticos. **Glossários**. Disponível em: <https://www.cptec.inpe.br/glossario.shtml#e>. Acesso em: 8 out. 2019.

CRESPO, A. A. **Estatística fácil**. 13. ed. São Paulo: Saraiva, 1995.

CRUZ, C.; RIBEIRO, U. **Metodologia científica**: teoria e prática. Rio de Janeiro: Axcel Books, 2003.

CURI, N. et al. **Vocabulário de ciência do solo**. Campinas: Sociedade Brasileira de Ciência do Solo, 1993.

DANNI-OLIVEIRA, I. M. A utilização da internet como suporte à análise rítmica: uma proposta de aula prática. In: ENCONTRO DE GEÓGRAFOS DA AMERICA LATINA, 10., 2005, São Paulo.

DEMO, P. **Introdução à metodologia da ciência**. 2. ed. São Paulo: Atlas, 1985.

DINIZ FILHO, L. L. **Fundamentos epistemológicos da geografia**. Curitiba: Ibpex, 2009.

DINIZ, M. T. M. Contribuições ao ensino do método hipotético-dedutivo a estudantes de Geografia. **Geografia Ensino & Pesquisa**, v. 19, n. 2, maio/ago. 2015.

DURIGAN, G. Métodos para análise de vegetação arbórea. In: CULLEN JUNIOR, L.; RUDRAN, R.; VALLADARES-PÁDUA, C. (Org.). **Métodos de estudos em biologia da conservação e manejo da vida silvestre**. Curitiba: Ed. da UFPR; Fundação Boticário de Proteção à Natureza, 2003. p. 455-479.

DUROZOI, G.; ROUSSEL, A. **Dicionário de filosofia**. Tradução de Marina Appenzeller. Campinas: Papirus, 1993.

EMBRAPA – Empresa Brasileira de Pesquisa Agropecuária. **Procedimentos normativos de levantamentos pedológicos**. Brasília, 1995.

EMBRAPA – Empresa Brasileira de Pesquisa Agropecuária. Centro Nacional de Pesquisa de Solos. **Manual de métodos de análise de solo**. 2. ed. Rio de Janeiro, 1997.

ENGELS, F. **Dialética da natureza**. São Paulo: Paz e Terra, 1977.

ESPINDOLA, C. R. **Retrospectiva crítica sobre a pedologia**: um repasse bibliográfico. Campinas: Ed. da Unicamp, 2008.

FERREIRA, K. R. et al. Arquiteturas e linguagens. In: CASANOVA, M. A. et al. (Org.). **Bancos de dados geográficos**. São José dos Campos: Inpe, 2005. p. 181-209. Cap. 5.

FIORI, S. R. Técnicas de desenho e elaboração de perfis. In: VENTURI, L. A. B. (Org.). **Praticando geografia**: técnicas de campo e laboratório. São Paulo: Oficina de Textos, 2009. p. 211-223.

FIRKOWSKI, O. L. C. F.; MOURA, R. Regiões metropolitanas e metrópoles. Reflexões acerca das espacialidades e institucionalidades. **RAEGA (UFPR)**, Curitiba, v. 5, p. 27-46, 2002.

FLORENZANO, T. G. **Iniciação em sensoriamento remoto**. 3. ed. São Paulo: Oficina de Textos, 2011.

FREIRE-MAIA, N. **A ciência por dentro**. 6. ed. Rio de Janeiro: Vozes, 2000.

FRIEDMANN, R. M. P. **Fundamentos de orientação, cartografia e navegação terrestre**: um livro sobre GPS, bússolas e mapas para aventureiros radicais e moderados, civis e militares. 2. ed. rev. e ampl. Curitiba: Ed. da UTFPR, 2008.

FURLAN, S. A. Técnicas de biogeografia. In: VENTURI, L. A. B. (Org.). **Praticando geografia**: técnicas de campo e laboratório. São Paulo: Oficina de Textos, 2009. p. 99-130.

GALVANI, E. Sistematização de dados quantitativos. In: VENTURI, L. A. B. (Org.). **Praticando geografia**: técnicas de campo e laboratório. São Paulo: Oficina de Textos, 2009. p. 175-186.

GERARDI, L. H. de; SILVA, B. C. N. **Quantificação em Geografia**. São Paulo: DIFEL, 1981. 161p.

GIL, A. C. **Métodos e Técnicas de Pesquisa Social**. 5. ed. São Paulo: Atlas, 1999.

GLASER, B.; STRAUSS, A. **The Discovery of Grounded Theory**: Strategies for Qualitative Research. New York: Aldine Transaction, 1967.

GUEDES, J. A. Métodos estatísticos para a geografia: um guia para o estudante. **Revista Brasileira de Educação em Geografia**, v. 3, p. 158-160, 2013. Resenha.

GUERRA, A. T. Processos erosivos nas encostas. In: GUERRA, A. T.; CUNHA, S. B. (Org.). **Geomorfologia**: exercícios, técnicas e aplicações. Rio de Janeiro: Bertrand Brasil, 1996. p. 139-155.

HAWLEY, D. Changing Approaches to teaching Earth-science fieldwork. In: STOW, D. A. V.; MCCALL, J. G. (Org.). **Geoscience Education and Training in Schools and Universities, for Industry and Public Awareness**. Rotterdam: A. A. Balkema, 1996. p. 243-253. (AGID Special Publication Series, 19).

HOLZER, W. A geografia humanista: uma revisão. **Espaço e Cultura**, n. 3, p. 137-147, jan. 1997.

HUSSERL, E. **A ideia da fenomenologia**. Tradução de Artur Morão. Lisboa: Edições 70, 2000.

IAH – Instituto Antônio Houaiss. **Houaiss corporativo**: grande dicionário. Disponível em: <https://houaiss.uol.com.br/corporativo/index.php>. Acesso em: 8 out. 2019.

IBGE – Instituto Brasileiro de Geografia e Estatística. Coordenação de Recursos Naturais e Estudos Ambientais. **Manual técnico de geomorfologia**. 2. ed. Rio de Janeiro, 2009.

____. **Manual técnico de pedologia**. 2. ed. Rio de Janeiro, 2007.

IBGE – Instituto Brasileiro de Geografia e Estatística. Ministério do Planejamento. Diretoria de Geociências – DGC. **Noções básicas de cartografia**. Rio de Janeiro, 1998.

KÖCHE, J. C. **Fundamentos de metodologia científica**: teoria da ciência e prática da pesquisa. 21. ed. Petrópolis: Vozes, 2003.

____. **Fundamentos de metodologia científica**. 7. ed. Caxias do Sul: Universidade de Caxias do Sul; Porto Alegre: Escola Superior de Teologia São Lourenço de Brindes; Vozes, 1982.

LACOSTE, Y. **A geografia**: isso serve, em primeiro lugar, para fazer a guerra. 2. ed. Campinas: Papirus, 1989.

LACOSTE, Y. **Pesquisa e trabalho de campo**. São Paulo: Teoria e Método/Associação dos Geógrafos Brasileiros, 1985. (Seleção de Textos, n. 11).

LEFORT, I. Le terrain: l'arlésienne des géographes. **Annales de Géographie**, v. 120, n. 687-688, p. 468-486, set./dez. 2012.

LEPSCH, I. F. **Formação e conservação dos solos**. 2. ed. São Paulo: Oficina de Textos, 2010.

____. **19 lições de pedologia**. São Paulo: Oficina de Textos, 2011.

LISBOA FILHO, J.; IOCHPE, C. Introdução a sistemas de informações geográficas com ênfase em banco de dados. In: JAI – JORNADA DE ATUALIZAÇÃO EM INFORMÁTICA, 15., CONGRESSO DA SBC, 16., 1996, Recife.

LONGLEY, P. A. et al. **Sistemas e ciência da informação geográfica**. 3. ed. Porto Alegre: Bookman, 2013.

MAACK, R. **Geografia física do estado do Paraná**. 4. ed. Ponta Grossa: Ed. da UEPG, 2012.

MAGUIRE, D.; GOODCHILD, M.; RHIND, D. (Ed.). **Geographical Information Systems**: Principles and Applications. New York: John Wiley and Sons, 1991.

MANFREDINI, S. et al. Técnicas em pedologia. In: VENTURI, L. A. B. (Org.). **Praticando geografia**: técnicas de campo e laboratório. São Paulo: Oficina de Textos, 2009. p. 85-98.

MANZO, A. J. **Manual para la preparación de monografias:** una guia para presentar informes y tesis. Buenos Aires: Humanitas, 1971.

MARANDOLA JUNIOR., E. Fenomenologia e pós-fenomenologia: alternâncias e projeções do fazer geográfico humanista na geografia contemporânea. **Geograficidade**, v. 3, n. 2, p. 49-64, 2013.

MARANGONI, A. M. M. C. Questionários e entrevistas: algumas considerações. In: VENTURI, L. A. B. (Org.). **Praticando geografia**: técnicas de campo e laboratório. São Paulo: Oficina de Textos, 2009. p. 167-175, 2009.

MARCONI, M. de A.; LAKATOS, E. M. **Fundamentos de metodologia científica**. 7. ed. São Paulo: Atlas, 2010.

MENDONÇA, F. A.; DANNI-OLIVEIRA, I. M. **Climatologia**: noções básicas e climas do Brasil. São Paulo: Oficina de Textos, 2007. v. 1.

MIKOSIK, A. P. M. **Aplicação e análise da legislação paranaense relativa às áreas úmidas, em uma bacia experimental situada em Antonina (PR)**. 98 f. Dissertação (Mestrado em Geografia) – Universidade Federal do Paraná, Curitiba, 2015.

MONBEIG, P. Metodologia do ensino geográfico. **Revista Geografia**, AGB, São Paulo, v. 1, n. 2, 1936.

MORESCO, M. D. **Estudo de paisagem no município de Marechal Cândido Rondon-PR**. 158 f. Dissertação (Mestrado em Geografia). Universidade Estadual de Maringá, Maringá, 2007.

MUNSELL COLOR COMPANY. **Munsell Soil Color Charts**. 2000.

MURRAY, C. **Oracle® Spatial:** User's Guide and Reference. 10g Release 1 (10.1). Redwood City, Oracle Corporation, 2003.

OLIVEIRA, C. de. **Curso de cartografia moderna**. Rio de Janeiro: IBGE, 1993.

POPPER, K. R. **Conhecimento objetivo**: uma abordagem evolucionária. Belo Horizonte: Itatiaia; São Paulo: Edusp, 1975.

POSTGIS. **What is PostGis?** Disponível em: <http://postgis.refractions.net/>. Acesso em: 21 out. 2019.

PRADO JUNIOR, C. Teoria marxista do conhecimento e método dialético materialista. **Discurso: Revista do Departamento de Filosofia da USP**, v. 4, n. 4, 1973.

QGIS. **Baixe o QGIS para a sua plataforma**. Disponível em: <https://www.qgis.org/pt_BR/site/forusers/download.html>. Acesso em: 8 out. 2019.

QUAGLIO, F.; GROHMANN, C. H.; FAIRCHILD, T. R. Como fazer relatórios em Geociências. **Terrae Didatica**, v. 10, p. 105-120, 2014.

QUEIROZ FILHO, A. P. A escala nos trabalhos de campo e laboratório. In: VENTURI, L. A. B. (Org.). **Praticando geografia**: técnicas de campo e laboratório. São Paulo: Oficina de Textos, 2009. p. 55-69.

QUEIROZ, G. R.; FERREIRA, K. R. **Tutorial sobre bancos de dados geográficos**: GeoBrasil 2006. São José dos Campos: Inpe, 2006.

RACINE, J. B.; REFFESTIN, C.; RUFFY, V. Escala e ação, contribuição para uma interpretação do mecanismo de escala na prática da Geografia. **Revista Brasileira de Geografia**, Rio de Janeiro, v. 45, n. 1, p. 123-135, jan./mar. 1983.

RODRIGUES, C.; ADAMI, S. Técnicas fundamentais para o estudo de bacias hidrográficas. In: VENTURI, L. A. B. (Org.). **Praticando geografia**: técnicas de campo e laboratório. São Paulo: Oficina de Textos, 2009. p. 147-167.

ROGERSON, P. A. **Métodos estatísticos para a geografia**: um guia para o estudante. 7. ed. Porto Alegre: Bookman, 2012.

ROSA, R. Geotecnologias na geografia aplicada. **Revista do Departamento de Geografia (USP)**, São Paulo, v. 16, p. 81-90, 2005.

ROSS, J. L. S.; FIERZ, M. S. M. Algumas técnicas de pesquisa em geomorfologia. In: VENTURI, L. A. B. (Org.). **Praticando geografia**: técnicas de campo e laboratório. São Paulo: Oficina de Textos, 2009. p. 69-85.

RUIZ, J. A. **Metodologia científica**: guia para eficiência nos estudos. 4. ed. São Paulo: Atlas, 1996.

SALMON, W. C. **Lógica**. 3. ed. Rio de Janeiro: Zahar, 1973.

SALVADOR, D. S. C. O. A geografia e o método dialético. **Sociedade e Território**, Natal, v. 24, p. 97-114, 2012.

SAMPAIO, T. V. M.; BRANDALIZE, M. C. B. **Cartografia geral, digital e temática**. Curitiba: Universidade Federal do Paraná/Programa de Pós-Graduação em Ciências Geodésicas, 2018.

SAMPAIO, T. V. M.; SOPCHAKI, C. H. Análise geomorfológica aplicada aos estudos de vias de transporte terrestre. **RA'E GA**, Curitiba, v. 41, p. 151-173, ago. 2017.

SANTOS, R. F.; MANTOVANI, W. Seleção de reservas florestais para conservação "in situ" através de indicadores espaciais. **Revista do Instituto Florestal**, São Paulo, v. 11, n. 1, p. 91-103, jun. 1999.

SAUSEN, T. M. **Projeto EDUCA Educa SeRe III**: Elaboração de carta imagem para o ensino de sensoriamento remoto – utilização de cartas imagens-CBERS como recurso didático em sala de aula. São José dos Campos: DSR/INPE, 2001. Cap. 13.

SCORTEGAGNA, A.; NEGRÃO, O. B. M. Trabalhos de campo na disciplina de Geologia Introdutória: a saída autônoma e seu papel didático. **Terra e Didática**, v. 1, n. 1, p. 36-43, 2005.

SEVERINO, A. J. **Metodologia do trabalho científico**. 24. ed. rev. e atual. São Paulo: Cortez, 2016.

SILVA, J. X. da. O que é geoprocessamento? **Revista CREA-RJ**, Rio de Janeiro, p. 42-44, out./nov. 2009. Disponível em: <http://www.ufrrj.br/lga/tiagomarino/artigos/

oqueegeoprocessamento.pdf>. Acesso em: 8 out. 2019.

SMITH, M. de; GOODCHILD, M. F.; LONGLEY, P. A. **Geospatial Analysis**. 6th edition, 2018. Disponível em: <https://www.spatialanalysisonline.com/HTML/index.html>. Acesso em: 8 out. 2019.

SOIL Survey Manual. Washington: Department of Agriculture, 1984. Cap. 1.

SOIL Taxonomy: a Basic System of Soil Classification for Making and Interpreting Soil Surveys. Washington: Department of Agriculture, 1975. (Agriculture Handbook, n. 436).

SOUZA, C. J. O.; FARIA, F. S. R.; NEVES, M. P. Trabalho de campo, por que fazê-lo? Reflexões à luz de documentos legais e de práticas acadêmicas com as geociências. In: SIMPÓSIO NACIONAL DE GEOMORFOLOGIA, 7., 2008, Belo Horizonte.

SPOSITO, E. S. **Geografia e filosofia**: contribuição para o ensino do pensamento geográfico. São Paulo: Unesp, 2004.

SUERTEGARAY, D. M. A. Notas sobre a epistemologia da geografia. **Cadernos Geográficos**, Florianópolis, n. 11, maio 2005.

Pesquisa de campo em geografia. **Geographia**, Niterói, v. 4, n. 7, p. 64-68, 2002b.

VEAL, A. J. **Metodologia de pesquisa em lazer e pesquisa**. São Paulo: Aleph, 2011. (Série Turismo).

VENTURI, L. A. B. O papel da técnica no processo de produção científica. In: VENTURI, L. A. B. (Org.). **Praticando geografia**: técnicas de campo e laboratório. São Paulo: Oficina de Textos, 2009. p. 13-19.

_____. O uso de técnicas e práticas no ensino-aprendizagem e suas contribuições no processo de formação. **Entre-Lugar**, Dourados, ano 3, n. 6, p. 141-152, 2012.

VINHAS, L.; FERREIRA, K. R. Descrição da TerraLib. In: CASANOVA, M. A.; CÂMARA, G.; DAVIS JUNIOR, C.; VINHAS, L.; QUEIROZ, G. R. de. (Org.). **Bancos de Dados Geográficos**. 1. ed. Curitiba: MundoGeo, 2005, v. 1, p. 397-440.

WILLMER, A. The Shapefile 2.0 Manifesto. **Misspelled Nemesis Club**, 1º mar. 2009. Disponível em: <https://moreati.github.io>. Acesso em: 8 out. 2019.

YAMAMOTO, J. K.; LANDIM, P. M. B. **Geoestatística**: conceitos e aplicações.1. ed. São Paulo: Oficina de Textos, 2013. v. 1.

ZEILER, M. **Modelling Our World**: the ESRI Guide to Geodatabase Design. Redlands, 2000.

Bibliografia comentada

VENTURI, L. A. B. (Org.). **Praticando geografia**: técnicas de campo e laboratório. São Paulo: Oficina de Textos, 2009.

Esta obra é presença obrigatória na biblioteca pessoal do geógrafo. Foi organizada pelo Prof. Dr. Luís Antonio Bittar Venturi, cuja motivação foi a escassez de um material que reunisse os principais aspectos técnicos e instrumentais das especialidades que compõem a geografia. Assim, o livro é dividido em capítulos escritos por geógrafos e professores, que apresentam as técnicas de campo e de laboratório, de acordo com sua área de atuação. Escrito em linguagem técnica, mas de forma didática, é útil em todos os níveis de formação.

MORAES, A. C. R. **Geografia**: pequena história crítica. 19. ed. São Paulo: Annablume, 2003. v. 1.

A primeira edição dessa obra é de 1981. Originalmente, esse livro foi concebido para os estudantes de Geografia; por isso, em linguagem simples e didática, conta sucintamente a história do pensamento geográfico com base nas correntes geográficas presentes nos séculos XIX e XX. Para isso, o autor enfatiza a intrínseca relação entre o contexto histórico, o modo de produção capitalista e o desenvolvimento do pensamento geográfico.

AB'SABER, A. N. **O que é ser geógrafo**: memórias profissionais de Aziz Nacib Ab'Saber. Rio de Janeiro: Record, 2007.

Aziz Nacib Ab'Saber foi um dos maiores geógrafos do Brasil. Neste livro, dedicado às suas memórias profissionais, em depoimento a Cynara Menezes, o geógrafo narra como se tornou geógrafo, desde suas lembranças na infância, passando pela escolha profissional e a entrada na universidade, até o dia a dia da profissão. De forma muito didática, Aziz propõe aos leitores a compreensão da geografia por meio das relações entre natureza e sociedade. Por esse motivo, é uma obra fundamental para todo profissional dedicado à geografia e às ciências correlatas.

Respostas

Capítulo 1
Atividades de autoavaliação

1. d

2. b

3. e

4. b

5. c

Atividades de aprendizagem
Questões para reflexão

1. O método adotado foi o hipotético-dedutivo, pois o pesquisador parte de um problema (água turva e esverdeada que causa a formação da camada densa de algas e a mortandade de peixes). Para explicar esse problema, ele formula a hipótese (pouco oxigênio na água) e realiza a experimentação (análise do oxigênio dissolvido). A renovação do processo é evidenciada pelo surgimento de outro problema (fósforo em excesso provoca a eutrofização).

2. Método dedutivo:
   Todo solo tem cor; Latossolo é solo; Latossolo tem cor.
   Toda região tem limites; Região Norte é uma região; Região Norte tem limites.
   Método indutivo:
   Esta vegetação contém espécies.

A mata de araucária contém espécies.
O cerrado contém espécies.
A caatinga contém espécies.
Toda vegetação contém espécies.

Capítulo 2
Atividades de autoavaliação

1. e

2. e

3. d

4. c

5. a

Atividades de aprendizagem
Questões para reflexão

1. No século XX, as terras já haviam sido descobertas e, por isso, os pesquisadores puderam aprofundar o conhecimento dos fenômenos e processos. Por isso, Maack enfatiza a resolução dos problemas limitados por meio das etapas relacionadas ao aproveitamento científico, à coleta de materiais e aos trabalhos em laboratório. Em uma aproximação com a atualidade, essas etapas seriam a revisão da literatura, a obtenção de dados e/ou informações, mediante técnicas de investigação, e as análises realizadas em laboratórios, respectivamente. Entretanto, as etapas referentes aos trabalhos de campo se assemelham nos dois séculos (XX e XXI), mas as técnicas utilizadas foram aprimoradas em decorrência do avanço da própria geografia e das demais ciências.

2. Ao saber a direção dos pontos cardeais, conclui-se que os ventos que vêm do sul, na cidade de Curitiba (PR), provocam queda nas temperaturas.

    Ao observar o céu e verificar o desenvolvimento vertical das nuvens, sabe-se que são nuvens do tipo cumulonimbos. É possível ainda ir além e reconhecer que esse tipo de nuvem provoca chuvas pesadas, com granizo, neve, relâmpagos e em algumas regiões, há formação de tornados.

    Quando a amostra de solo tem textura sedosa, similar ao talco, identifica-se a presença de silte. Quando o material é grosseiro e solto, ou seja, pouco material fino é aderido à pele, a amostra de solo corresponde à textura arenosa. No caso de a amostra de solo apresentar material fino e pastoso, condiz com a textura argilosa.

Atividade aplicada: prática

1. De acordo com as orientações e modelos de cadernetas de campo, na Seção 2.3, "Observação em campo", espera-se que o aluno entenda a importância da caderneta de campo para a efetividade dos trabalhos de campo, assim como saiba registrar os dados e as informações obtidos em campo.

Capítulo 3
Atividades de autoavaliação

1. c

2. a

3. b
    Explicação:
    Média:
    Somam-se todos os valores e divide-se por 2.

6 + 2 + 8 + 6 + 3 + 0 + 4 + 2 + 6 + 7 + 10 + 3 + 6 / 13 = 4,85

Mediana:

Primeiramente, ordenam-se os valores em ordem crescente.

0, 2, 2, 3, 3, 4, **6**, 6, 6, 6, 7, 8, 10

Depois, identifica-se o valor da posição central do conjunto de dados.

Mediana: 6

Moda:

Primeiramente, ordenam-se os valores em ordem crescente.

0, 2, 2, 3, 3, 4, **6, 6, 6, 6**, 7, 8, 10

Determina-se o valor repetido com mais frequência na série.

Moda: 6

4. a

5. c

Atividades de aprendizagem

Questões para reflexão

1. Hipótese nula: Os níveis de assiduidade dos alunos são os mesmos nos cursos de Cartografia e Geografia Urbana.
   Hipótese alternativa: Os níveis de assiduidade dos alunos são diferentes nos cursos de Cartografia e Geografia Urbana. Ou os alunos são mais assíduos nas aulas de Cartografia do que nas de Geografia Urbana, ou a assiduidade dos alunos que frequentam as aulas de Cartografia é menor ou igual à dos que frequentam a aula de Geografia Urbana. Quando uma suposição é verdadeira, a outra é falsa.

2. Espera-se que o leitor critique a afirmação dos defensores da geografia quantitativa. A geografia já era considerada ciência, pois tinha conhecimento sistematizado a respeito do seu objeto

de estudo, submetido à verificação pelo método. Todavia, deve-se ressaltar que a geografia quantitativa contribuiu (contribui) para a compreensão dos fenômenos e processos ao se apoiar no rigor metodológico e no uso intenso das técnicas estatísticas e matemáticas para comprovar as hipóteses formuladas pelos pesquisadores.

Atividade aplicada: prática

1. Espera-se que o leitor elabore uma entrevista e realize a respectiva transcrição com o intuito de analisar os resultados em conformidade com a abordagem qualitativa fazendo uso da base teórica estudada nas Seções 2.4.6, "Entrevistas e questionários", e 3.3, "Dados qualitativos".

Capítulo 4
Atividades de autoavaliação

1. e
2. b
3. c
4. e
5. c

Atividades de aprendizagem
Questões para reflexão

1. Em ambiente SIG, Ana poderá identificar os movimentos de massa e definir suas tipologias. Além disso, poderá construir um banco de dados que relacione os movimentos de massa com os fatores responsáveis por suas ocorrências, como, por exemplo, curvatura e orientação da vertente, presença de vegetação

e ocupação, cortes na estrada, entre outros. Posteriormente, Ana poderá usar a correlação para determinar a fragilidade da paisagem e gerar o mapa de risco, por meio do auxílio das ferramentas de análise e edição do *software*.

2.
   a) Nesse caso, como José precisa trabalhar com um grande volume de dados, o banco de dados é a opção mais indicada. Além disso, o banco de dados permite o uso multiusuário. Com isso, há a possibilidade de as ruas do município serem subdivididas entre os profissionais da equipe, para que todos possam realizar o trabalho ao mesmo tempo.
   b) Nessa situação, Bia pode optar por trabalhar os arquivos em formato *shapefile*, pois, para elaborar o mapa, utilizará poucos dados, como a mancha urbana do centro da cidade, o limite municipal de São Paulo e os pontos observados. Além disso, como ela será monousuária, terá conhecimento da última versão do arquivo, o que garantirá a representação das informações corretamente.

Atividade aplicada: prática

1. O objetivo desta atividade é incentivar o leitor a refletir sobre a relevância de serem elaborados mapas livres de polissemia e imperceptibilidade. Além disso, ele irá se apropriar dos arquivos vetoriais para representar as variáveis visuais (município e a característica física selecionados) mediante o emprego dos recursos gráficos disponibilizados pelo *software*.

Capítulo 5
Atividades de autoavaliação

1. a

2. e

3. c

4. d

5. b

Atividades de aprendizagem
Questões para reflexão

1. A abordagem geossistêmica permite compreender a dinâmica da paisagem com base na organização dos elementos em um perfil geoecológico. Para a elaboração desse perfil, pode-se utilizar um perfil topográfico que representa as formas de relevo da paisagem estudada. Dessa forma, o perfil topográfico serve como base para a representação das estruturas horizontais e verticais.

2. Nesse caso, deve-se elaborar uma citação de citação. Exemplo: Segundo **Bertrand (1968, citado por Oliveira, 2017)**, a paisagem resulta da combinação de elementos físicos, biológicos e antrópicos que, interagindo entre si, fazem da paisagem um conjunto singular, em permanente evolução.

Atividade aplicada: prática

1. Espera-se que o leitor desenvolva o relatório de campo ao apresentar o contexto do trabalho de campo como o objetivo do trabalho, a localização e a descrição do ponto observado, as atividades realizadas, o uso de materiais e equipamentos, e o percurso realizado. Para a elaboração do relatório, geralmente, utiliza-se o texto descritivo-narrativo, pois este tipo textual demonstra as características dos fenômenos e processos, bem como retrata o dinamismo das suas transformações. Deve-se fazer uso de linguagem apropriada (formal e científica), sem utilizar expressões impessoais e frases qualificativas

ou valorativas. Utilizar figuras e tabelas para complementar as informações. Por fim, o relatório deve ser estruturado com base nos elementos obrigatórios (capa, folha de rosto, sumário, resumo, introdução, desenvolvimento, considerações finais e referências bibliográficas) e opcionais (prefácio, agradecimentos, apêndices e anexos), caso haja necessidade.

Sobre a autora

Ana Paula Marés Mikosik é graduada (licenciatura e bacharelado) e mestre em Geografia e doutoranda em Ciência do Solo pela Universidade Federal do Paraná (UFPR). Tem experiência no ensino da Geografia e atua em pesquisas relacionadas às áreas de pedologia, geomorfologia, análise ambiental e ciência do solo.

Os papéis utilizados neste livro, certificados por instituições ambientais competentes, são recicláveis, provenientes de fontes renováveis e, portanto, um meio sustentável e natural de informação e conhecimento.

Impressão: Log&Print Gráfica & Logística S.A.
Abril/2021